U0342735

本书由贵州省教育厅（黔教合 KY［2019］138）、贵州省一流学科（群）－矿业工程（黔教 XKTJ［2020］23）、贵州省区域内一流建设学科（培育）－矿业工程（黔教科研发［2018］216 号）、贵州煤炭绿色发展 2011 协同创新中心（黔教合协同创新［2016］02）和六盘水师范学院高层次人才科研启动金（LPSSYKYJJ201808）等项目资助

铀污染地下水原位
生物修复技术

李殿鑫　著

北　京

冶 金 工 业 出 版 社

2021

内 容 提 要

本书针对核工业生产活动产生的铀废水，从铀的稳定性和迁移性、铀的生物还原、铀还原酶、铀还原基因组学、铀还原动力学、铀的生物矿化、生物还原 U(Ⅳ) 的稳定性及再氧化以及现场研究等几个方面，论述了铀污染地下水原位生物修复技术。

本书可作为从事铀污染地下水修复研究领域的学者的参考用书，也可作为其他重金属污染原位修复研究领域的参考书目。

图书在版编目（CIP）数据

铀污染地下水原位生物修复技术／李殿鑫著．—北京：冶金工业出版社，2021.5

ISBN 978-7-5024-8834-5

Ⅰ.①铀… Ⅱ.①李… Ⅲ.①铀—重金属污染—地下水污染—生态恢复 Ⅳ.①X523

中国版本图书馆 CIP 数据核字（2021）第 103480 号

出 版 人 苏长永
地　　址 北京市东城区嵩祝院北巷 39 号　邮编　100009　电话　(010)64027926
网　　址 www.cnmip.com.cn　电子信箱 yjcbs@cnmip.com.cn
责任编辑 李培禄 张 丹　美术编辑 彭子赫　版式设计 郑小利
责任校对 郑 娟　责任印制 李玉山
ISBN 978-7-5024-8834-5
冶金工业出版社出版发行；各地新华书店经销；北京建宏印刷有限公司印刷
2021 年 5 月第 1 版，2021 年 5 月第 1 次印刷
710mm×1000mm　1/16；7.75 印张；112 千字；113 页
40.00 元
冶金工业出版社　投稿电话　(010)64027932　投稿信箱　tougao@cnmip.com.cn
冶金工业出版社营销中心　电话　(010)64044283　传真　(010)64027893
冶金工业出版社天猫旗舰店　yjgycbs.tmall.com
（本书如有印装质量问题，本社营销中心负责退换）

前　　言

　　铀是一种天然的放射性元素和能源，虽然总量很高，但分布较广，对人类威胁不大。但随着核工业的发展，铀的采矿、选矿、水冶、尾矿库、浓缩等工业场地及其周边的地下水均受到了不同程度的铀污染。铀不是人体所需的元素，一旦这些铀污染随着地下水迁移，并最终富集到人体内，将严重威胁人的健康。因此，铀污染地下水的治理尤为重要。原位生物修复技术是在污染场地利用生物技术修复铀污染的方法。其从20世纪90年代兴起，由实验室模拟现场修复实验逐渐发展开来。到21世纪初期，已在美国进行了现场修复实验的研究。

　　本书总结了近30年铀污染原位修复技术的研究成果，内容涉及铀的稳定性及迁移性、铀的生物还原、铀还原酶、铀还原基因组学、铀还原动力学、铀的生物矿化、生物还原U(Ⅳ)的稳定性及再氧化、现场研究等。

　　在编写过程中，参考了国内外学者大量的研究成果，并予以引用。在此，谨向他们表示衷心的感谢！

　　由于作者水平有限，书中不妥之处，敬请读者批评指正。

作　者

2021 年 3 月

目　　录

1 概　　述

1.1　铀的种类

铀在自然环境中以多种化学形态存在。包括元素、沉淀物、氧化物、络合物和天然矿物等[1]。这些形态的铀，通常为四价的 U(IV) 和六价的 U(VI)。铀以沥青铀矿的矿物形式存在，可与矿石中的碳酸盐、磷酸盐、硅酸盐和钒酸盐形成沉淀。碳钠钙铀矿是最常见的铀氧化物，能以 UO_2〔U(IV)〕或八氧化三铀 （U_3O_8） 的形式存在；后者含有 U(IV) 和 U(VI) 的混合物。氧化环境中 U(VI) 存在于柱铀矿和其他矿物中[2]。在美国能源部 （DOE） 汉福德场地的钙铀云母、磷铀云母和变柱铀矿是铀污染土壤和沉积物中主要的 U(VI) 沉淀[3]。

1.2　微生物-U(VI) 的相互作用

铀与细菌之间的相互作用是本部分内容的重点。利用微生物"生物浸出"机制从低品位矿石中提取铀正引起人们的兴趣，如邱等[4]的研究。防止地下水中放射性核素的不可控扩散和迁移是许多核电站的首要补救目标。刺激细菌相互作用，将水溶性铀原位固定到不溶性矿物中，可以提供一种相对廉价且非侵入性的解决方案来修复放射性核素污染。不同微生物 – 铀相互作用的机理如图 1-1 所示，并在下文讨论它们对促进长期铀去除的适用性。

1.2.1　生物还原

在没有氧气的情况下，细菌能够利用不同的电子受体新陈代谢，以获

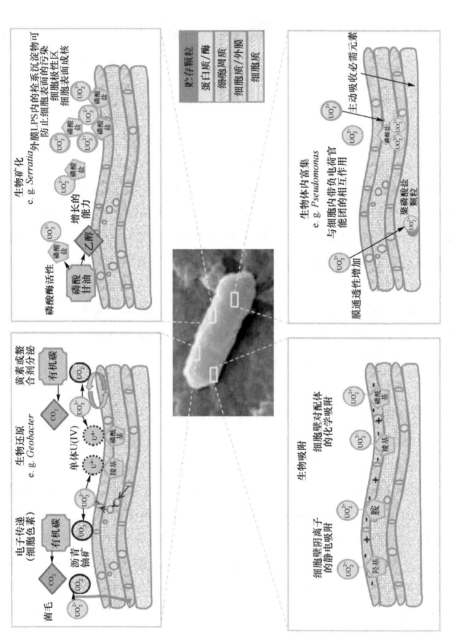

图 1-1　铀的生物还原、生物矿化、生物吸附和生物体内富集[5]

得能量。随着缺氧程度的加深，最有利的电子受体被依次使用，从硝酸盐还原开始，然后通过 Mn(Ⅳ)、Fe(Ⅲ) 和硫酸盐进行，最终还原为二氧化碳和产生甲烷。虽然这一顺序通常是对自然环境的校正，在有机物较为丰富的情况下，金属和硫酸盐还原，或硝酸盐和金属还原可同时进行[5]。中性 pH 值下，Fe(Ⅲ) 还原菌能够将 U(Ⅵ) 作为电子受体之一，将其还原为不易迁移的 U(Ⅳ)。其他可以还原铀的菌群包括发酵菌、耐酸菌、硫酸盐还原菌等；有些能储存生长所需的能量，有些则不能获得能量[7]。

铀生物还原被认为是一种生物修复技术，通过添加电子供体来促进水溶液的酶促还原反应。生物还原铀的形态通常被认为是铀晶石 [UO₂]。最近，其他的 U(Ⅳ) 形式被认为是铀晶石。大多数研究集中在去除溶液中的水性 U(Ⅵ)。然而，U(Ⅵ) 可能存在于固相中或吸附到矿物中[6]。用 *Carboxydothermus ferrireducens* 证明了难溶性 U(Ⅵ) 作为尿嘧啶核苷 [(NH₄)(UO₂)PO₄·3H₂O] 的微生物还原作用，并用 *Shewanella putrefaciens CN32* 证明了难溶性 U(Ⅵ) 作为变柱铀矿 [UO₃·2H₂O]，而吸附态 U(Ⅵ) 的生物还原作用已在天然土壤和合成及天然铁矿物中得到证实。Fe(Ⅱ) 矿物和生物矿物可能对 U(Ⅵ) 进行非生物还原，但大多数研究表明，在环境条件下，直接酶还原是介导 U(Ⅵ) 还原的主要机制[8]。使用生物还原作为修复技术的关键因素是 U(Ⅳ) 在长时间段内否稳定，特别是环境条件改变，如氧化条件等。

1.2.2 生物矿化

生物矿化是指金属与硫化物、磷酸盐或碳酸盐等无机盐，在微生物的作用下，在其细胞表面的局部与金属发生沉淀的过程。当添加甘油磷酸酶时，细胞磷酸酶活性将有机磷分解，释放出无机磷，无机磷与 U(Ⅵ) 一起沉淀为胞外氢铀酰磷酸酯矿物 [HUO₂PO₄]。这一点已通过美国能源部橡树岭场地的环境隔离物和一种假单胞菌 (*Pseudomons*)（当与磷酸三丁酯供体一起供应时）得到证实。在含铀土壤中观察到完全被铀磷酸盐矿物覆盖的微生物细胞，这表明细菌生物矿化是在这个系统中自然发生的[9]。

一种更简单的方法是将无机磷酸盐直接添加到受铀污染的地下水中。然而，由于磷酸盐具有很强的反应性，它很可能与含水金属一起迅速沉淀，导致堵塞并限制向环境中的扩散[10]。在受控条件下，刺激细菌磷酸酶活性释放磷酸盐，限制系统中细菌水解有机磷的速率，从而避免金属磷酸盐矿物堵塞注射位置。此外，生物矿化在稀溶液中的化学沉淀更为有效，集中在细胞表面的配体可为沉淀提供成核焦点。

生物矿化的一个潜在问题是，金属在细胞表面的快速沉淀可能会对细胞代谢造成障碍，尽管还没有直接观察到这一点。最近的一项研究强调了一些研究之间的矛盾，这些研究表明生物矿化是一种毒性抵抗机制，而另一些研究认为它对细胞有害。从现有的稀少证据来看，硬壳似乎并不一定限制其代谢活动[11]。在 Serratia 系统中，沉淀物的图像显示磷酸铀酯沉积在细胞一侧的细胞壁上，或"拴"在脂多糖中防止细胞表面污染。细菌可能导致磷酸铀酰酯（如钙铀云母）在磷酸盐限制系统中溶解。其他挑战可能来自有机磷酸盐供体的成本，限制了生物矿化作为生物修复技术的经济可行性。生物矿物可以作为金属沉积的成核焦点，这一过程被称为"重金属的微强化化学吸附"或机制。例如，镍可以通过插入磷酸氢铀酰从溶液中去除。

1.2.3　生物体内富集

微生物细胞也可以通过"生物蓄积"机制积累大量的金属离子。对于某些金属，可能会发生不定量的吸收，因为金属的运输与细胞功能所需的必要元素相似，因此被积极地吸收到细胞中。铀没有已知的生物学功能，有人建议，由于膜渗透性增加，铀可能被吸收进入细胞，例如引起的铀中毒。几乎所有已发现的细胞内铀的富集结果均是 *Pseudomonas* 属中的磷酸铀酰，尽管一项研究发现铀在一种与 *Arthrobacter ilicis* 密切相关的环境隔离物中的生物蓄积[12]。

1.2.4　生物吸附

生物吸附描述了从活的或死的微生物细胞表面吸收铀的最佳方法。革兰氏阳性和革兰氏阴性细菌的细胞膜都带有负电荷，因此能够将金属阳离子通过静电吸附作用吸附在其表面。细胞壁上的配体，如巯基、磷酸盐、羟基、胺和羧基等，可通过化学吸附与金属相结合。生物吸附最适合处理低、中等浓度的废水，因为与细胞壁的结合比吸收到细胞内的快，而且从细胞表面去除结合的金属更容易再生生物吸附剂。由于金属毒性的影响，生物膜的生物降解并不重要。微生物吸附能力的研究发现，铀在 45 ~ 615 mg/g 细胞干重范围内有效吸收[5]。

尽管细菌有可能吸附铀，但它在生物修复方面不太可能有用。与生物吸附相关的问题是，从细胞表面的解吸可以和吸附一样快，其他阳离子竞争结合位点。细胞表面也会很快变得饱和，阻止进一步的生物吸附。吸附材料可以在细胞死亡和分解时重新释放到溶液中，尽管在一项研究中，模拟细胞分解促进磷酸铀酰的沉淀。此外，一个对生物吸附的批判性评论指出，细菌吸附铀几乎没有工业应用。这些挑战意味着它不等同于原位生物修复的长期解决方案，尽管它可能被用于"泵循环处理"方案中处理受污染的废水[13]。

1.3 铀污染修复技术的分类

应用了多种技术修复废水中的重金属，处理技术的选择取决于主要投资和运行成本、初始金属浓度、废水的组成，工厂可牵引性、可靠性和环境影响等因素[14]。

1.3.1 物理方法

吸附是一种吸附质在吸附剂表面上的黏附。吸附技术具有易操作性、成本低廉、低污泥产量和可重复使用性等优势。吸附的因素包括吸附剂（固相）和溶剂（液相）以及待吸附的溶解物。吸附过程是通过受表面和孔隙的离子交换、化学吸附、物理力吸附、配合、螯合和毛细血管内滞留等多种机制影响的复杂过程[15]。由于吸附剂对 U(Ⅵ) 离子的亲和力很高，后者通过这些机制被吸附剂吸引和结合。U(Ⅵ) 的表面吸附原理如图 1-2 所示。

1.3.1.1 农业废弃物

20 世纪 90 年代以来，低成本可再生有机材料在重金属离子的吸附

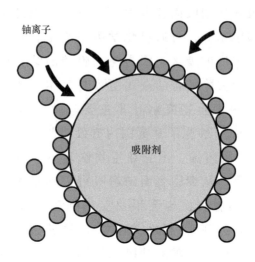

铀离子

吸附剂

图 1-2　U(Ⅵ)的表面吸附原理图

中的应用日益广泛。农业废弃物具有淀粉、水碳氢化合物、单糖、蛋白质、脂质、提取物、木质素、半纤维素等多种官能团。上述官能团可以和金属络合，从而有助于铀离子的回收。农业废弃物具有经济环保、化学成分独特、资源丰富、可再生、成本低、效率高等特点，被认为是铀污染可持续治理的方案。生物质分子中的官能团包括结构多糖、酰胺基、酚类、乙酰胺基、氨基、羰基、巯基、醇和酯。这些基团对 U(Ⅵ) 络合有亲和力。利用未经处理的植物废弃物作为吸附剂，会造成吸附能力低、生物和化学需氧量高以及植物组分中可溶有机物总有机碳（TOC）排放增加等问题[16]。为确保在室温下显著吸收铀，天然稻草在酸性溶液（pH = 1 ~ 2）中浸泡 20 ~ 30 天，以促进纤维素分解。吸附特性与稻草和残灰中二氧化硅的非晶态性质密切相关，从而产生一个具有多孔结构的开放框架。这种开放的二氧化硅结构在许多铀矿物的赋存中起着重要作用。化学需氧量（COD）、生物需氧量（BOD）和总氧量（TOC）的激增会消耗水体中的含氧量，威胁水生生物的生存。用于稻壳处理的常用化学品包括表氯醇、碳酸钠、酒石酸、氢氧化钠、盐酸。酒石酸改性稻壳吸附量最高。碱法是另一种处理植物废弃物的方法。从稻壳表面去除可溶于碱并可能影响吸附性能的物质。吸附量增加可能是化学改性后吸附剂的离子交换性能的增强、活性结合位点数量的增加以及有利于金属吸附的新官能团的产生。生物吸附法具有 pH 值和温度范围广、金属回收容易、选择性好、吸收低浓度金属的效率高、生物吸附剂易于回收等显著优点，被认为是去除水溶液中重金属的一种前沿技术[17]。

1.3.1.2 碳

在大多数核废水的强酸性溶液中，碳材料比有机交换树脂具有更高的耐热性和抗辐射性，且化学性质稳定。介孔炭、碳纳米管、活性炭等含碳材料在金属分离中的应用越来越广泛。但这些含碳材料的实际应用还需要进一步研究。碳基材料应添加特定的功能性配体，用于选择性 U（Ⅵ）离子的配位和提高其吸附效率。活性炭价格昂贵，再生过程中部分损失，限制了其应用[18]。

1.3.1.3 活性炭

活性炭广泛应用与各种吸附质的吸附。其具有刚性多孔结构、热辐射稳定性、化学和机械强度均被选用，被认为是最有效和最经济的吸附剂。活性炭是在 800℃甚至更高温度下碳化制备的。pH = 3.0 ± 0.1、初始 U（Ⅵ）浓度为 100 mg/L、活性炭含量为 0.1 g，最大吸附量为 28.30 mg/g，最大去除率 > 98%。活化能 E_a 为 7.91 kJ/mol，表明吸附主要是物理吸附，吸附反应是扩散控制的。吸附过程符合准二级动力学[19]。

为了提高吸附量，选择了苯甲酰硫脲作为添加剂。已知该螯合组分具有通过 N-CS-NH-CO-Ph 螯合配体与铀酰离子形成配合物。在最佳条件下，得到 U（Ⅵ）的最大吸附量为 82 mg/g。即使在含有丰富竞争离子（$UO_2^{2+} > Co^{2+} > La^{3+} > Sr^{2+} > Cs^+ > Na^+$）的溶液中，吸附剂对 U（Ⅵ）也表现出良好的亲和性和选择性。碳也被用作络合聚合物的基质。研究了羧甲基化聚乙烯亚胺（CMPEI）功能化活性炭（F400）对铀酰离子的去除效果。CMPEI 是一种具有胺和羧酸两个官能团的螯合剂，具有优良的螯合性能。根据 Langmuir 模型，铀的最大吸附量为 151.5 mg/g[20]。

1.3.1.4 水热碳（HTC）

HTC 具有球形骨架结构，其物理化学性质相对稳定，且表面含有较多的含氧官能团和活性颗粒[21]。HTC 可以由各种廉价且普遍存在的糖或其他生物质通过温和的水热过程制备，避免了在中等温度下使用任何有机溶剂、催化剂或表面活性剂的必要性（通常 < 200℃）。在固相萃取剂（SPE）上选择生物碱 5-氮胞嘧啶（Acy）作为螯合配体，因为 Acy 属于多齿 N 供体配体，在液 – 液萃取分离锕系元素方面表现出明显的选择性。U（Ⅵ）在 283.15 ~ 333.15K 温度范围内的吸附量随温度的升高而增加。在 pH = 4.5 和 333.15K 时，U（Ⅵ）最大吸附量为 408.36mg/g[22]。

1.3.2　化学方法

1.3.2.1　零价铁对 U（Ⅵ）的还原沉淀

Fe^0 通常被用作 U（Ⅵ）的还原剂。Fe^0 对水溶液中的铀酰（UO_2^+）去除效果明显优于这些吸附剂。当材料表面未被腐蚀产物覆盖时（pH = 4 左右），通过氧化铁还原沉淀更有利于水中 U（Ⅵ）的去除[23]。在初始浓度为 76mmol/L（或 18000mg/L）的铀范围内，Fe^0 对铀的去除率近 100%。有研究表明，铀在 Fe^0 上的还原沉淀，主要的反应途径见式（1-1）~ 式（1-3）。Fe^0 和碳酸盐溶液的反应产物中，仅吸附了 < 4% 的 UO_2^{2+}，且易解吸。还有研究表明，Fe^0 表面还原态的 U（Ⅳ），容易因再被氧化而重新活化[14]。

$$Fe^{3+} + e^- \longrightarrow Fe^{2+} ; E_0 = +0.771V \qquad (1\text{-}1)$$

$$UO_2^{2+} + 4H^+ + 2e^- \longrightarrow U(Ⅳ) + 2H_2O ; E_0 = +0.327V \qquad (1\text{-}2)$$

$$Fe^{2+} + 2e^- \longrightarrow Fe^0 ; E_0 = -0.440V \qquad (1\text{-}3)$$

1.3.2.2　细菌对铀的生物沉淀

藻类之所以受到广泛关注，主要是因为它们能够去除 U（Ⅵ）。一些藻类甚至能够在极端环境条件下生存，而且往往是大量存在的。研究发现，细菌的表面带电并存在多种官能团，这些官能团能与土壤溶液中的 U（Ⅵ）形成络合物，从而有利于铀的去除。采用复杂的方法学方法，结合表面化学、透射电镜和先进的固态形态分析技术，可对铀的生物矿化机制进行表征。在极端环境中，细菌可能通过不同的机制与无机污染物有效地相互作用，如生物沉淀、细胞内积累和细胞表面的生物吸附等。在较低的 pH 值（2.0 ~ 4.5）下，当铀在水中的形态以高流动性的铀酰离子为主时，可对铀与细菌的相互作用进行研究。XAS（X 射线吸收光谱）的表征表明，在 pH 值为 3.0 ~ 4.5 时，所研究菌株的细胞以铀磷酸盐矿物相的形式析出铀，属于偏铀族。透射电镜（TEM）证实了铀沉淀的应变局部化[24]。球形芽孢杆菌 *Bacillus sphaericus* JG-7B 的 U（Ⅵ）沉淀物与细胞壁结合，而鞘氨醇单胞菌 *Sphingomonas paucimobilis* S15-S1 的 U（Ⅵ）沉淀物既存在于细胞表面，也存在于细胞内。在没有有机磷酸盐基质的情况下，在这些 pH 值下检测到的酸性磷酸酶活性与观察到的 U（Ⅵ）生物矿化有关。在 pH 值为 2.0 时，U（Ⅵ）与细胞中的有机磷配体形成络合物，因此未观察到铀的生物矿化。

1.3.3 生物方法

通过改变铀的形态和生物利用度，可以改变细胞外结合位点和 pH 值，从而减少或增加铀向食物链的转移，可作为修复受铀污染环境的一种手段[25]。

1.3.3.1 微生物学方法在铀污染修复中的应用

微生物法还原 U（Ⅵ）比生物吸附和离子交换树脂法更有效地去除碳酸氢盐溶液中的 U（Ⅵ）。与吸附在树脂或生物质上的铀相比，微生物 U（Ⅵ）还原产生的沉淀具有处理简单、清洁、致密等优势。该方法不但可以降低操作成本，而且许多潜在的生物材料来源便宜且容易获得。*Pseudomonas* MGF-48 是一种革兰氏阴性、氧化酶阴性、过氧化氢酶阳性、运动性、黄色色素沉着的细菌，从电镀废水中分离出来。这种细菌能迅速吸收 50 ~ 200 mg/L 的铀，并且随着浓度的增加，铀的含量增加。在固定相中最大的铀吸收量为 174 mg/g 干重细菌生物量。流动注射分析确定在 pH = 6.5 下的吸收和最大铀吸附量为 86%，在孵育 5 min 内被除去。通过添加碳酸钠和 EDTA 溶液（0.1 m）解吸与细胞结合的铀。该溶液可作为生物吸附剂重复使用。*Pseudomonas* MGF-48 作为固定化细胞和游离细胞，在吸附铀方面表现出良好的效果[26]。

每周向地下水中添加乙醇 2 天，可刺激反硝化细菌、铁还原细菌和硫酸盐还原细菌的生长。2 年后，地下水中的铀浓度不断下降。加入亚硫酸盐以去除溶解氧，U（Ⅵ）浓度降至 0.05 mg/L 的饮用水浓度限值以下，U（Ⅳ）占总铀的 60% ~ 80%。即使不加乙醇，厌氧条件下 U（Ⅵ）

浓度也可保持在较低的水平。然而，当溶解氧进入注入井时（亚硫酸盐引入所致），60 天后注入井附近的 U(Ⅵ)浓度到 0.13 ~ 2.0mmol/L。36h 内添加乙醇，硫酸盐、Fe(Ⅲ)和 U(Ⅵ)的浓度可再次降低。1260 天后修复完成，铀浓度低于 0.1mmol/L[27]。

1.3.3.2 植物修复方法在铀污染修复中的应用

植物修复技术具有有效性、对环境干扰小、无二次污染、经济可行性等优点，广泛应用于低浓度铀污染土壤的大面积修复。通过植物和微生物的作用，植物体内可积累一种或多种化学元素，从而去除污染物。其修复对象包括有机物、重金属和放射性污染物等。研究表明，植物的根能通过挥发、降解、稳定、吸收、过滤等途径修复土壤和水中的污染物。铀不是植物生长所需的营养物质，但印度芥菜、向日葵和其他植物的根部可吸收大量的铀离子。有些植物甚至会将铀输送到地面以上的根茎叶中[28]。

向日葵因其生物量大而被优先用于处理铀污染水体。实验研究表明，使用向日葵和豆科植物可去除 70% 以上的初始铀。由于铀形态的差异，根吸收铀的能力受到水的 pH 值的影响。向日葵根滤连续净化系统在 5.0mL/min 流量下，其根对铀的去除能力超过 500mg/kg，去除率超过 99%。对向日葵根进行 SEM 和 EDS 分析，推测根滤除铀的主要机理可能是根表面的沉淀和交换吸附作用[29]。有实验表明芹菜、马齿苋、小浮萍和柳苔在水中显示出丰富的铀元素。小浮萍在静水和自来水中的富集系数分别为 2.87×10^3 和 1.567×10^3[30]。滚草开花前，可利用苹果酸、柠檬酸、醋酸等提高土壤中铀的生物有效性，从而吸收大量铀。柠檬酸作用在生长在高铀土壤（铀含量 750mg/kg）中的印度芥菜和大白菜上，可将铀的富集量可从不足 5mg/kg 提高到 5000mg/kg。研究表明，这些植物的地上部分具有较高的铀提取率，适合作为铀超富集物进行植物修复。此外菠菜也具有较强的耐铀性和富铀能力[31]。

影响植物修复效率的因素很多，包括有机质含量、土壤质地、含水量、pH 值等。这些土壤性质会影响植物生长条件以及铀的生物有效性。铀的生物利用度可通过添加土壤调理剂、真菌等土壤微生物与植物根系形成共生关系等方式，从而促进植物对铀的吸收，达到有效修复铀污染环境的目的[32]。

本书将在后边的章节中重点对微生物修复铀污染的方法进行详细的介绍。

1.4　本章小结

本章从铀的种类、微生物-U(Ⅵ)的相互作用、铀污染修复技术的分类三个方面，概述了铀污染地下水原位生物修复技术的研究现状，总结如下：

（1）天然的铀主要以元素、天然矿物、配合物、沉淀物和氧化物等化学形态存在，主要包括 U(Ⅵ)和 U(Ⅳ)。

（2）微生物-U(Ⅵ)的相互作用主要包括生物还原、生物矿化、生物体内富集和生物吸附 4 个类别。其中，生物还原主要是微生物将地下水中容易迁移的 U(Ⅵ)还原成不易迁移的 U(Ⅳ)，已达到固定地下水中 U(Ⅳ)的目的；生物矿化主要是微生物将地下水中的 U(Ⅵ)和 Ca^{2+} 等离子发生反应，通过其自身的代谢作用生成新的矿物将 U(Ⅵ)包埋，已达到固定地下水中的 U(Ⅵ)的目的；生物体内富集主要是微生物对 U(Ⅵ)的一种"吞噬"作用，但这种作用可以除掉的 U(Ⅵ)是非常有限的；生物吸附是运用微生物、植物、动物等的细胞作为基底材料，将 U(Ⅵ)吸附在其表面的一种 U(Ⅵ)处理技术，具有广阔的前景。

（3）铀污染修复技术主要包括生物方法、物理方法和化学方法 3 个大类。生物方法主要包括生物还原、生物矿化、生物体内富集和生物吸附 4 个类别；物理方法主要是物理吸附，且这种吸附不具有选择性；化学方法主要是 U(Ⅵ)和其他物质反应，生成了新的物质。

参 考 文 献

[1] Liu X, Wang L, Zheng Z, et al. Molecular dynamics simulation of the diffusion of uranium species in clay pores [J]. Journal of Hazardous Materials, 2013, 244 ~ 245：21 ~ 28.

[2] Fu H, Zhang H, Sui Y, et al. Transformation of uranium species in soil during redox oscillations [J]. Chemosphere, 2018, 208：846 ~ 853.

[3] Wang X, Shi Z, Kinniburgh D G, et al. Effect of thermodynamic database selection on the estimated aqueous uranium speciation [J]. Journal of Geochemical Exploration, 2019, 204: 33 ~ 42.

[4] Qiu G, Li Q, Yu R, et al. Column bioleaching of uranium embedded in granite porphyry by a mesophilic acidophilic consortium [J]. Bioresource Technology, 2011, 102 (7): 4697 ~ 4702.

[5] Newsome L, Morris K, Lloyd J R. The biogeochemistry and bioremediation of uranium and other priority radionuclides [J]. Chemical Geology, 2014, 363: 164 ~ 184.

[6] Williams K H, Long P E, Davis J A, et al. Acetate availability and its influence on sustainable bioremediation of uranium-contaminated groundwater [J]. Geomicrobiology Journal, 2011, 28 (5 ~ 6): 519 ~ 539.

[7] Merroun M L, Selenska-pobell S. Bacterial interactions with uranium: an environmental perspective [J]. Journal of Contaminant Hydrology, 2008, 102 (3 ~ 4): 285 ~ 295.

[8] Alessi D S, Lezama-pacheco J S, Janot N, et al. Speciation and reactivity of uranium products formed during in situ bioremediation in a shallow alluvial aquifer [J]. Environmental science & technology, 2014, 48 (21): 12842 ~ 12850.

[9] Mondani L, Benzeeara K, Carrière M, et al. Influence of uranium on bacterial communities: a comparison of natural uranium-rich soils with controls [J]. PLoS One, 2011, 6 (10) .

[10] Wellman D M, Icenhower J P, Owen A T. Comparative analysis of soluble phosphate amendments for the remediation of heavy metal contaminants: effect on sediment hydraulic conductivity [J]. Environmental Chemistry, 2006, 3 (3): 219 ~ 224.

[11] Benzerara K, Miot J, Morin G, et al. Significance, mechanisms and environmental implications of microbial biomineralization [J]. Comptes Rendus Geoscience, 2011, 343 (2 ~ 3): 160 ~ 167.

[12] Choudhary S, Sar P. Uranium biomineralization by a metal resistant pseudomonas aeruginosa strain isolated from contaminated mine waste [J]. Journal of hazardous materials, 2011, 186 (1): 336 ~ 343.

[13] Baǐcda E, Sarł A, Tuzen M. Effective uranium biosorption by macrofungus (Russula sanguinea) from aqueous solution: equilibrium, thermodynamic and kinetic studies [J]. Journal of Radioanalytical and Nuclear Chemistry, 2018, 317 (3): 1387 ~ 1397.

[14] Bhalara P D, Punetha D, Balasubramanian K. A review of potential remediation techniques for uranium (Ⅵ) ion retrieval from contaminated aqueous environment [J]. Journal of Environmental Chemical Engineering, 2014, 2 (3): 1621 ~ 1634.

[15] Anirudhan T S, Bringle C D, Rijith S. Removal of uranium(Ⅵ) from aqueous solutions and nuclear industry effluents using humic acid-immobilized zirconium-pillared clay [J]. Desalination and water treatment, 2009, 12 (1 ~ 3): 16 ~ 27.

[16] Shtangeeva I. Uptake of uranium and thorium by native and cultivated plants [J]. Journal of environmental radioactivity, 2010, 101 (6): 458 ~ 463.

[17] Kumar U, Bandyopadhyay M. Sorption of cadmium from aqueous solution using pre-treated rice husk [J]. Bioresource technology, 2006, 97 (1): 104 ~ 109.

[18] Tian G, Geng J, Jin Y, et al. Sorption of uranium(Ⅵ) using oxime-grafted ordered mesoporous carbon CMK-5 [J]. Journal of Hazardous Materials, 2011, 190 (1): 442 ~ 450.

[19] Cesano F, Rahman M M, Bertaione S, et al. Preparation and adsorption properties of activated porous carbons obtained using volatile zinc templating phases [J]. Carbon, 2012, 50 (5): 2047 ~ 2051.

[20] Foo K Y, Hameed B H. Potential of activated carbon adsorption processes for the remediation of nuclear effluents: a recent literature [J]. Desalination and Water Treatment, 2012, 41 (1 ~ 3): 72 ~ 78.

[21] Sevilla M, Fuertes A B. Chemical and structural properties of carbonaceous products obtained by hydrothermal carbonization of saccharides [J]. Chemistry-A European Journal, 2009, 15 (16): 4195 ~ 4203.

[22] Song Q, Ma L, Liu J, et al. Preparation and adsorption performance of 5-azacytosine-functionalized hydrothermal carbon for selective solid-phase extraction of uranium [J]. Journal of Colloid and Interface Science, 2012, 386 (1): 291 ~ 299.

[23] Zhao G, Wen T, Yang X, et al. Preconcentration of U(Ⅵ) ions on few-layered graphene oxide nanosheets from aqueous solutions [J]. Dalton Transactions, 2012, 41 (20): 6182 ~ 6188.

[24] Merroun M L, Nedelkova M, Ojeeda J J, et al. Bio-precipitation of uranium by two bacterial isolates recovered from extreme environments as estimated by potentiometric titration, TEM and X-ray absorption spectroscopic analyses [J]. Journal of hazardous materials, 2011, 197: 1 ~ 10.

[25] Kalin M, Wheeler W N, Meinrath G. The removal of uranium from mining waste water using algal/microbial biomass [J]. Journal of Environmental Radioactivity, 2005, 78 (2): 151 ~ 177.

[26] Chen B D, Chen M M, Bai R. Potential role of arbuscular mycorrhiza in bioremediation of uranium contaminated environments [J]. Huan jing ke xue = Huanjing kexue, 2011, 32 (3): 809 ~ 816.

[27] Wu W, Carley J, Luo J, et al. In situ bioreduction of uranium(Ⅵ) to submicromolar levels and reoxidation by dissolved oxygen [J]. Environmental Science & Technology, 2007, 41 (16): 5716 ~ 5723.

[28] Yao J, Ma Y, He H. Potential application of phytoremediation in controlling radioactive uranium pollution of uranium mines [J]. Sichuan Environment, 2010, 6.

[29] Lee M, Yang M. Rhizofiltration using sunflower (Helianthus annuus L.) and bean (Phaseolus vulgaris L. var. vulgaris) to remediate uranium contaminated groundwater [J]. Journal of Hazardous Materials, 2010, 173 (1 ~ 3): 589 ~ 596.

[30] Li J, Zhang Y. Remediation technology for the uranium contaminated environment: a review [J]. Procedia Environmental Sciences, 2012.

[31] Stojanovi M, Pezo L, et al. Biometric approach in selecting plants for phytoaccumulation of uranium [J]. International Journal of Phytoremediation, 2016, 18 (5): 527 ~ 533.

[32] Chen B D, Chen M M, Bai R. Potential role of arbuscular mycorrhiza in bioremediation of uranium contaminated environments [J]. Huan Jing Ke Xue, 2011.

2 铀的稳定性及迁移性

2.1 铀的迁移性

铀在环境中的迁移取决于其形态和吸附性、络合性、水解度、溶解度、氧化还原电位和 pH 值等地球化学因素。氧化条件下,溶液中的铀通常以 U(Ⅵ)形式的存在。在 pH < 5 的酸性条件下,铀以羟基配合物(如 $UO_2(OH)_3^-$、$UO_2(OH)_2$ 和 $UO_2(OH)^+$)和游离铀酰离子(UO_2^{2+})的形式存在;在低 pH 值条件下,U(Ⅵ)水溶液对锰氧化物和氧化铁有较强的吸附作用[1]。在 pH 为 5.5 和 7.0 时,美国 DOE 田纳西橡树岭放射物污染现场约 80% 和 98% 的 U(Ⅵ)被吸附到富含氧化铁的土壤中;在高 pH 值环境(pH≥7)并存在高浓度碳酸盐下,UO_2^{2+} 形成强水性配合物,如 UO_2CO_3、$(UO_2)_2CO_3(OH)^{3-}$、$UO_2(CO_3)^{2-}$ 和 $UO_2(CO_3)_2^{4-}$,从而使 U(Ⅵ)在含碳酸盐水环境中的溶解度增强[2]。这些配合物(如 Fe(Ⅲ)和 Al(Ⅲ)的羟基氧化物)是阴离子,很难吸附在矿物表面。pH 值为 8 以上,形成 $UO_2(CO_3)_3^{2-}$ 并迁移率逐渐增加。如果钙离子过量,会形成钙铀碳酸酯络合物,对 U(Ⅵ)的吸附产生抑制作用。与碳酸铀酰相比,铀酰羟基更易于还原,形成稳定性高的含水碳酸钙,从而降低 U(Ⅵ)的还原程度[3]。除碳酸盐外,氯化物、硝酸盐、磷酸盐和硫酸盐等其他配体也可在酸性环境中与 U(Ⅵ)络合。U(Ⅵ)与无机配体的络合亲和力依次为:CO_3^{2-} > PO_4^{3-} > SO_4^{2-} > Cl^- > NO_3^-。此外,草酸和柠檬酸等有机配体可与 U(Ⅵ)形成可溶性配合物。溶解态 U(Ⅵ)比吸附沉淀态 U(Ⅵ)或固相 U(Ⅵ)具有更大的生物可还原性[4]。总之,U(Ⅵ)在水环境中的迁移率与配体类型、U(Ⅵ)的形态及 pH 值等相关。

2.2　铀的氧化态

铀的氧化态是决定其稳定性和迁移率的关键因素。自然发生的铀是由 U(Ⅳ) 和 U(Ⅵ) 氧化态控制的，六价铀的溶解性比四价铀高得多，它更易溶解和流动[5]。沥青铀矿是铀的主要 U(Ⅳ) 矿物，经风化和氧化形成 U(Ⅵ) 化合物（或铀酰化合物）。相比之下，U(0) 和 U(Ⅲ) 之间的价态在自然环境中很难找到。然而，U(Ⅲ) 已在实验室合成并显示可与有机化合物形成配合物。五价铀离子虽然稀有，但可以自然找到[6]。通常认为它形成的配合物比 U(Ⅳ) 弱，不太稳定。但是，在 pH 值低于 7 的还原水中，UO_2^+ 可以获得可观的稳定性。少量的研究已经报道了 U(Ⅴ) 作为一种短寿命的中间物，可能是微生物控制的，并且可在 pH = 2 ~ 4 时存在。虽然 U(Ⅴ) 硅酸盐 [$K(UO)Si_2O_6$] 的存在已通过实验室合成得到证实，但从 Shaba 矿已鉴定出一种稀有的天然 U(Ⅴ) 矿物，即碳钠钙铀矿 [$CaU^{5+}(UO_2)_2(CO_3)O_4(OH)(H_2O)_7$]，出自刚果民主共和国和澳大利亚北部的兰格尔矿。黑碳钙铀矿被认为是沥青铀矿的易蚀产物，易氧化到页岩中。从 U(Ⅳ)/U(Ⅵ) 化合物中识别到 U(Ⅴ) 的可能出现在一些特定环境中（例如，XAS 光谱中 U L_Ⅲ 边在氧烷中的位置）。然而，当前的 U(Ⅴ) 识别在本质上是确定其存在环境。为了充分认识 U(Ⅴ) 在环境中的重要性，需要进行更详细的研究，以便将 U(Ⅴ) 特征与 U(Ⅵ) 和 U(Ⅳ) 特征区分开来，并检查 U(Ⅴ) 和有机物（OM）之间的关系[7]。

氧化态从 U(Ⅳ) 到 U(Ⅵ) 的变化通常发生在自然界中的氧化层条件下，在地球圈/大气界面或岩石圈内与含氧地下水接触。由于沥青铀矿（UO_2）在其结构及其周围的边缘吸附 U(Ⅵ) 氧化态的能力，碳钠钙铀矿可能存在于高度氧化的环境中[8]。根据 Zielinski 和 Meier 的研究，即使在低碳酸盐条件下，空气中 U(Ⅳ) 的氧化也非常慢。另一种情况是，当沥青铀矿在生物影响下形成时，它被认为更易氧化。氧化速率的差异归因于生物成因的沥青铀矿的无序结构。Ginder Vogel 等人的研究还表明，Fe(Ⅲ) 对沥青铀矿的氧化速率比生物成因的沥青铀矿高。然而，

U(Ⅳ)零散氧化成 U(Ⅵ)，可以发生先发生 α 辐解。后者的一个解释了这种氧化态的变化是由于 U 型子产物与周围的 U 原子具有不同的化学性质的结果。进一步的研究表明，在低氧条件下，α 辐解可能是沥青铀矿边（U(Ⅵ)）边缘出现水丝铀矿 [$UO_2(O_2)(H_2O)_2$] 的原因[9]。

铀可能从 U(Ⅳ)转变为更可溶的 U(Ⅵ)，尽管在没有其他催化剂的情况下，这种转变在初始条件下非常缓慢。Burns 描述了 368 种含有铀的无机晶体化合物或结构，其中 89 种是天然矿物。Hazen 等人将铀形成矿物的数量增加到 250 种。表 2-1 总结了本章中确定的低温铀矿物。这些矿物中的大部分具有六价铀的氧化态。矿物中除了铀偶尔取代其他阳离子外，大多数铀化合物都是以 UO_2、UO_2^+ 或 UO_2^{2+} 的形式存在的。这些分子在配位环境中表现出变化，其中 U^{4+} 与四个氧原子形成单键，U^{6+} 与两个氧原子（即 UO_2^+）形成双键。钛铀矿（$UTiO_6$）被认为是 U^{4+} 中主要的铀，可能是因为氢铀云母的形成需要低 pH 和缺氧条件，但在混合氧化状态下可能含有 U^{4+}、U^{5+} 和 U^{6+}[10]。

表 2-1　铀化合物和矿物名称以及化学式（无特殊说明为 U(Ⅵ)）[12]

	矿 物 名 称	化 学 式
碳酸盐	碳钠钙铀矿（Andersonite）	$Na_2Ca(UO_2)(CO_3)_3 \cdot 6H_2O$
	碳镁铀矿（Bayleyite）	$Mg_2(UO_2)(CO_3)_3 \cdot 18H_2O$
	碳钾铀矿（Grimselite）	$K_3Na(UO_2)(CO_3)_3 \cdot H_2O$
	绿碳钙铀矿（Liebigite）	$Ca_2[UO_2|(CO_3)_3] \cdot 10H_2O$
	纤碳钙铀矿（Rutherfordine）	UO_2CO_3
	碳钙镁铀矿（Swartzite）	$CaMg(UO_2)(CO_3)_3 \cdot 12H_2O$
	黑碳钙铀矿（Wyartite(U(Ⅴ))）	$Ca_3U^{4+}(UO_2)_6(CO_3)_2(OH)_{18} \cdot 3 \sim 5H_2O$
氧化物	水丝铀矿（Studtite）	$UO_4 \cdot 4H_2O$（含少量 CO_3^{2-}）
	沥青铀矿（Uraninite(U(Ⅳ))）	UO_2
	变柱铀矿（Metaschoepite）	$UO_3(H_2O)_2$
	变水锶铀矿（metastudtite）	$UO_4(H_2O)_2$
	沥青（晶质）铀矿（pitchblende）	U_3O_8
磷酸盐	钙铀云母（Autunite）	$Ca(UO_2)_2(PO_4)_2$
	铁铀云母（Bassetite）	$Fe((UO_2)(PO_4)_2(H_2O)_8$

矿　物　名　称	化　学　式
磷酸盐 氢铀云母（Chernikovite）	$H_3O(U_2O)PO_4(H_2O)_3$
磷铀矿（Phosphuranylite）	$KCa(H_3O)_3(UO_2)_7(PO_4)_4O_4 \cdot 8(H_2O)$
镁磷铀云母（Saleeite）	$Mg(UO_2)_2(PO_4)_2 \cdot 10H_2O$
铜铀云母（Torbernite）	$Cu[(UO_2)(PO_4)]_2 \cdot 10\sim12H_2O$
稀土元素 贝塔石（Betafite）	$(Ca,U)_2(Nb,Ti)_2O_6OH$
钛铀矿（Brannerite）	$(U,Ca,Y,Ce,La)(Ti,Fe)_2O_6$
硅铅铀矿（Kasolite）	$(Pb(UO_2)(SiO_4)H_2O)$
硅酸盐 水硅铀矿（Coffinite(U(Ⅳ))）	$USiO_4$
硅钾铀矿（Boltwoodite）	$(Na,K)(UO_2)(HSiO_4) \cdot H_2O$
水硅钙铀矿（Haiweeite）	$(Ca(UO_2)_2(Si_2O_5)_3(H_2O)_5)$
硅铀矿（Soddyite）	$(UO_2)SiO_4(H_2O)_2$
正斯硅铀矿（Swamboite）	$U^{6+}(UO_2)_6(SiO_3OH)_6(H_2O)_{30}$
硅钙铀矿（Uranophane）	$CaH_2(UO_2)(SiO_3OH)_2 \cdot 5H_2O$
硫酸盐 铀铜矾（Johannite）	$Cu(UO_2)^{2-} \cdot (SO_4)_2(OH)_2 \cdot H_2O_8$
铀钙矾（Uranopilite）	$(UO_2)_6(SO_4)O_2(OH)_6(H_2O)_6 \cdot 8H_2O$
水铀矾（Zippeite）	$Mg,Co,Ni,Zn,Na,K,NH_4(UO_2)_6(SO_4)_3(OH)_{10}(H_2O)_x$
钒酸盐 钒钾铀矿（Carnotite）	$K_2(UO_2)_2(VO_4)_2$
钒铅铀矿（Curienite）	$Pb_2(UO_2)(V_2O_8) \cdot 5H_2O$
钒铀钡铅矿（Francevillite）	$Ba,Pb(UO_2)(V_2O_8) \cdot 5H_2O$
变钒钙铀矿（Metatyuyamunite）	$Ca(UO_2)(V_2O_8) \cdot 3H_2O$
钒钠铀矿（Strelkinite）	$Na_2(UO_2)(V_2O_8) \cdot 6H_2O$
钒钙铀矿（Tyuyamunite）	$Ca(UO_2)_2(VO_4)_2 \cdot 5\sim8H_2O$
水钒铝铀矿（Vanuralite）	$Al(OH)(UO_2)_2(V_2O_8) \cdot 3H_2O$

　　U（Ⅳ）与大多数无机配体的结合能力是其强大的水解潜能的结果。变异配位数来源于一个大的离子半径（0.093nm）。例如，水硅铀矿（$USiO_4 \cdot nH_2O$）的配位数是一个八倍配位数。其中铀与硅酸盐共享其所有氧原子，尽管文献中对其真实结构和形态存在争议。另外，U（Ⅵ）与小配体配合物形成五边形双锥配合物，与 d-过渡族和主族元素

形成对比。八面体或五角双锥结构也可在多种氧化物和铀酸盐中发现[11]。

2.3 铀相及其溶解度

U(Ⅵ)通常比U(Ⅳ)可溶性高,因此比U(Ⅳ)更易移动。但含铀相的溶解度也不同,即使对于相同组分也是如此。对这两种情况都有影响的是pH值;通常U(Ⅵ)相的溶解度在碳酸(氢)盐物种存在下增加,特别是在pH=5.5以上。然而,U(Ⅳ)在整个环境pH值范围内溶解度极低,但在较低的pH值(pH<3)下除外,尽管该pH值更常见于人为环境(如酸性矿井水)。U(Ⅳ)也有可能在胶体相中溶解,因此重要的是在尺寸上确定(例如,<0.2μm过滤器尺寸)铀氧化状态的溶解度[13]。为了加强这一点,下面的章节讨论了常见的阴离子组分:硫酸盐、硅酸盐、磷酸盐、碳酸盐、氧化物/氢氧化物和钒酸盐。研究过程中,我们回顾了现有的溶解度常数（$\log K_{sp}$）知识,并对比了不同铀化合物的潜在迁移率。

图 2-1 和图 2-2 中展示出铀形态作为溶液化学函数的固有复杂性,特别是 Eh、pH 值和一系列常见配合阴离子的存在,包括 SiO_4^{4-}、SO_4^{2-}、CO_3^{2-} 和溶解有机碳（DOC）。在 1/100 稀释模型海水溶液中,使用图 2-1 中的地球化学模拟软件（GWB）和图 2-2 中的 PHREEQC 软件模拟铀的形态。

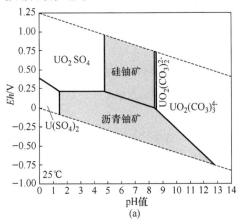

(a)

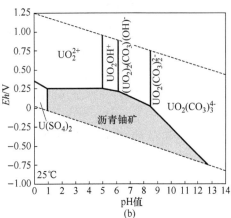

(b)

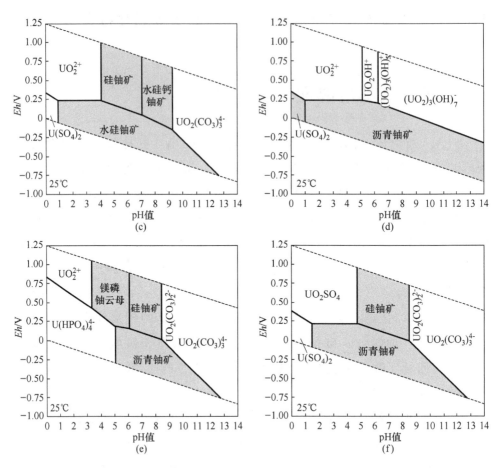

图 2-1　铀的溶液化学与 pH 值与 Eh 的关系[12]

计算结果如下：（a）水物种包括：CO_3^{2-}、SO_4^{4-}、PO_4^{3-}、SiO_4^{4+}、UO^{2+}；

（b）不含 SiO_4^{4+}；（c）SiO_4^{4+} 浓度较高；（d）不含 SiO_4^{4+} 和 CO_3^{2-}；

（e）PO_4^{3-} 浓度较高；（f）相对（a）SO_4^{2-} 浓度较高

灰色区域表示矿物，白色区域表示可溶物种。1/100 海水中含有相关的钙和碳酸盐

配合物。计算和图像是在地球化学家的 Workbench ® 中创建的（热数据数据库），

使用以下条件：U 浓度 10^{-6} mol/L；P_{CO_2} $10^{-3.5}$；25℃时海水浓度为 1/100）

在最简单的情况，没有重要的配位配体（如碳酸盐、磷酸盐、硫酸盐、钒酸盐）的情况下，铀形态主要以 UO_2^{2+} 阳离子占主导地位，直到 pH = 4 ~ 5；然后是在中性 pH 值下，以 UO_2-OH 络合物占主导地位；在 pH 为 7 和以上，$(UO_2)_3(OH)_7^-$ 为主要形态（图 2-1（d））。在存在碳

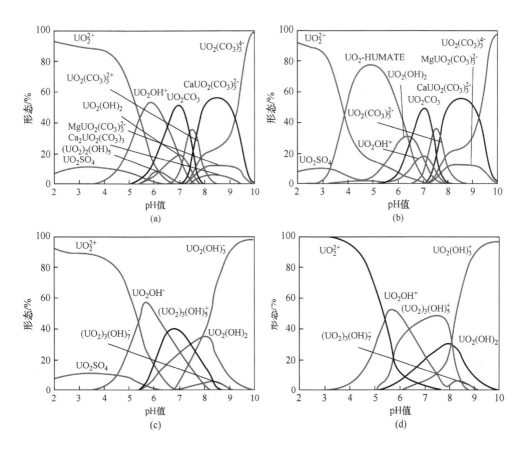

图 2-2　不同混合物中铀的百分比

（a）UO_2-H_2O-CO_2；（b）UO_2-H_2O-腐殖酸；（c）UO_2-H_2O-SO_4；（d）UO_2 – H_2O

（铀浓度 10^{-6} mol/L，P_{CO_2} $10^{-3.5}$，25℃海水浓度 1/100，该条件下使用

PHREEQC 生成的模拟物种形成。未绘制 <5% 的物种）

酸盐的所有其他情况下，在 pH = 9 以上 $UO_2CO_3^{4-}$ 始终占主导地位。当在 Pourbaix 图中被视为 Eh 的函数时，铁铀云母是在该体系中沉淀的主要铀矿物。在一定的 pH 值范围内，Eh 从低到极低（图 2-1（a）、图 2-1（b）、图 2-1（d）、图 2-1（f））。随着其他配体的引入，在低 pH 值/高 Eh 下可能存在一系列 UO_2^{2+} 物种，特别是 U（VI）O_2SO_4。U（IV）形态 U（SO_4）$_2$ 和 U（HPO_4）$_4^{4-}$ 可能存在于低 pH 值/低 Eh 下，U（HPO_4）$_4^{4-}$ 也能够保持在较高 pH 值下（图 2-1（a）~图 2-1（f））。此外，由于其他配体的存在（碳酸钙、钠长石、海绿石和钠铁矿等），一些其他铀矿物也

能沉淀。

腐殖物质对铀的形态形成具有特别重要的意义（图2-2（b））。虽然铀络合的数据（特别是UO_2^-腐殖酸物质的稳定常数）很少，但是发表的$\log K_{sp}$估计是一致的，尽管认为可能的变化是溶质pH值的函数。这种变化可能与一个或多个羧酸、邻苯二酚和羟基官能团的逐步去质子化有关。这些官能团随着pH值的增加而发生。可能导致$\log K_{sp}$变化的其他因素，从而影响UO_2^-腐殖酸键合的程度，是腐殖酸（也响应于pH值）以及其他阳离子和UO_2配合阴离子的存在的构象变化。如图2-2所示，作为双齿配体的腐殖酸盐似乎在没有磷酸盐的情况下竞争溶解的铀，特别是在pH=4~6的情况下。UO_2^-腐殖酸盐配合物的重要性可以有效地扩展铀物种在更宽的pH值范围内的迁移，这取决于其他因素（例如离子强度，其他有机金属配合物的存在）影响有机物的溶解度或聚集状态[14]。事实上，这在Murphy等人的建模结果中得到了证明，表明铀–酚键在pH值为6时占主导地位（$\log K_{sp}=1.63$）。这可以被认为与图2-2（b）中所示的pH值为6时的UO_2^-腐殖酸键类似。Murphy等人还表明，在pH值为3.5（$\log K_{sp}=2.39$）时，UO_2^-羧基键的选择性是明显的。

2.3.1 氧化物和氢氧化物

铀可以同时形成二氧化物和三氧化物（例如UO_2、UO_3和U_3O_8）。在U（Ⅳ）和U（Ⅵ）的氧化态下，可以形成大量的纯铀氧化物，如沥青铀矿［UO_2］和柱铀矿［$(UO_2)O_2(OH)_{12} \cdot 12H_2O$］。柱铀矿和变柱铀矿［$UO_3(H_2O)_2$］是具有无中间层阳离子的铀酰五角双锥型的电中性片的铀酰氧化物水合物。这两种矿物在OH^-基团与UO_2^{2+}基团的比例上有明显的差异。U_3O_8是UO_2、U_2O_6和UO_3的化学混合物，形成正交晶系结构，其中所有的铀原子与氧原子配位形成五角双锥型[15]。

铀氧化反应的变化很大程度上取决于铀的氧化态。U（Ⅳ）O_2一般不溶，Warwick等测定了非晶态UO_2的溶解度，在pH值为7.0~10.4、$\log K_{sp}$为-56.2 ± 0.3的范围内，他们得出的结论与其他研究一致。相反，U（Ⅵ）氧化物和氢氧化物更易溶，例如，Langmuir报道的柱铀矿的溶解度见 Jang 等人做的更详细的讨论。Bruno 和 Sandino 以及 Gren 等人给出柱铀矿在 pH = 6.8 ~ 8.3 范围内 UO_2^{2+} 的溶解度为 1 ~ 17mg/L。在 4.68 ~ 6.23 的 $\log K_{sp}$ 范围内，报道了变柱铀矿 [$UO_3(H_2O)_2$] 的溶解度[15]。

自然环境中，已知 U(Ⅳ) 的羟基配合物（例如 U (OH)$_5^-$）在碱性地下水（pH > 8）中具有显著浓度差异。然而，U(Ⅵ) 铀酰羟基化合物的自然持久性仍然不太确定。Langmuir 提出了两个考虑因素：第一，只有单体和二聚体是显著的，其中显著的物种是 UO_2^{2+}、UO_2OH^+、$(UO_2)_2(OH)_2^+$ 和 $(UO_2)_3(OH)_5^+$；第二，随着温度的升高，羟基离子配合物变得更加重要，而聚合物更突出的是溶解铀的可利用性。

由于铀矿石在水中的溶解度较低，采矿中通常采用酸浸法从非碳酸盐或低碳酸盐矿石中提取铀。在这类萃取中，固相铀氧化物可溶解于 HCl、H_2SO_4 或 H_3PO_4，不改变铀的氧化态。在其他能使铀释放的过程中，例如，沥青铀矿可以在合适的氧化剂（如 H_2O_2）的存在下，首先将铀氧化成 U(Ⅵ)O_2^{2+}，然后再氧化到氧化铍水合物中。自然环境中，这会导致含铀硅酸盐的形成。氧化溶解过程中，其中 UO_2 在中性至碱性 pH 值下溶解，溶解可通过中间阶段（即 U_3O_7 或 U_4O_9）进行。这可以看出，氧化物层的形成是围绕着 UO_2 的核心涂层。Bi 等人描述了氧化溶解通过从氧吸附表面到复合物活化和电子转移的反应发生序列，导致了 U(Ⅵ) 随后释放到溶液中[17]。

2.3.2 碳酸盐

在大多数缺乏有机质的富氧环境中，碳酸盐和（或）磷酸盐配合物可能控制铀的形态。碳酸盐（CO_3^{2-}）是重要的，因为它们能够溶解 UO_2^+ 作为碳酸盐配合物，从而增加了在碱性条件下铀迁移的可能性。当矿石中 U(Ⅵ) 与 U(Ⅳ) 的比例很高时，可以使用碳酸盐溶液在地面处理或原地浸出中提取矿石。最可能形成的碳酸铀酰物种是 $UO_2(CO_3)_3^{4-}$。而 $CaUO_2(CO_3)_3^{2-}$ 和 $Ca_2UO_2(CO_3)_3^0$ 的形成，前提是溶液中含有大量的 Ca^{2+} 阳离子[18]。上述物种的形成表明溶解的 CO_2 对铀酰离子的溶解度的影响比单独 pH 值的影响更大。

　　碳酸盐也能与铀形成矿物。在 Gorman Lewis 等人的文章中纤碳铀矿 [UO_2CO_3] 是铀酰碳酸盐中最难溶解的（$\log K_{sp}$ 介于 $-13.2 \sim -15$ 之间）。绿碳钙铀矿、碳钠钙铀矿和碳钙镁铀矿的溶解度常数较低（$\log K_{sp}$ 为 $-36.6 \sim -37.9$），含硅铀矿的溶解度常数 $\log K_{sp}$ 为 -85.5 等[16]。Elless 和 Lee 证明了碳酸盐在地下水中的重要性，他们建立了地下水铀浓度和时间（$R^2 = 0.97$）、碱度（间接测量 CO_3^{2-}）和时间（$R^2 = 0.93$）之间的强相关性。在这些情况下，二氧化碳离子作为一种强螯合剂，可以很容易地动员 $U(Ⅵ)$，即使在没有氧气的情况下。此外，CO_3^{2-} 可以在高氧化条件下通过氧化态的变化改变 $U(Ⅳ)$ 的溶解[12]。

2.3.3　磷酸盐

　　在缺乏大量碳酸盐的情况下，磷酸盐可能与铀酰形成磷酸铀酰配合物，尽管存在 CO_3^{2-} 和 VO_4^{3-} 竞争离子，但通常比铀酰碳酸盐或硅酸盐更难溶解。地下水中，磷酸盐矿物的存在也会降低铀的迁移。磷酸铀酰较低的溶解度导致了各种磷酸基化合物在商业上的开发和作为用于铀捕获的浸出液。由于铀 - 磷酸酯的这一特性，人们在高酸度和高离子强度的环境条件下，进行了许多溶解度实验。在正磷酸铀酰 $\log K_{sp} = -53.33$ 到磷酸铀酰氢 $\log K_{sp} = -12.17$ 之间，许多产物是不溶物[15]。钙铀云母 [$Ca(UO_2)_2(PO_4)_2 \cdot 3H_2O$] 的溶解度常数 $\log K_{sp} = -48.36$。磷酸盐对铀溶解度的影响是很大的。然而，关于两种磷酸铀酰（U-HPO_4 和铀 - 聚磷酸盐）配合物的溶解度和分子缔合的一些数据已经报道。Vazquez 等人发现 U-磷酸盐的溶解度随 pH 值的变化而变化。在 pH < 6 的条件下，形成了不溶性的 U-HPO_4 配合物；但当 pH > 6 时，铀 - 氢氧化物沉淀主要控制在铀 - 磷酸盐上，形成不溶性的混合相铀 - 羟基磷酸物种。相比之下，铀 - 聚磷酸盐配合物在 pH 值范围内的溶解度更大；在 pH = 5 以下发生沉淀；而在 pH = 6 以上，溶解度增加。

2.3.4　硅酸盐

　　一般来说，中性 pH 值下，硅酸铀酰酯的溶解度比碳酸铀酰酯或氧化铀酰水合物低，但比磷酸铀酰酯更易溶解。硅酸铀酰可由铀酰离子或铀氧化物形成；提供 Si 存在于溶液中并超过其他竞争的水配位体。水硅铀矿［$USiO_4$］是最常见的 U（Ⅳ）硅酸盐，被认为来自沥青铀矿。六价铀酰硅酸盐化合物，其中包括硅钙铀矿［$Ca(UO_2)_2(HSiO_4)_2 \cdot 5H_2O$］、硅钾铀矿［$(Na,K)(UO_2)(HSiO_4) \cdot H_2O$］和硅铀矿［$(UO_2)_2(SiO_4)(H_2O)_2$］，是潮湿、氧化条件下核废料变化相关的重要矿物。硅磷铀矿是最常见的天然硅酸铀酰。Shvareva 等人报道了铀矿层的溶解度常数 $\log K_{sp}$ 为 10.82，含钠硅钾铀矿的溶解度常数 $\log K_{sp}$ 为 6.07，硅钾铀矿的溶解度常数 $\log K_{sp}$ 为 4.12。硅钾铀矿和含钠硅钾铀矿的区别是由于钠的层间阳离子增加了其溶解度。据报道，水硅铀矿的溶解度常数 $\log K_{sp}$ 在 2.5 ~ 6.36 之间，合成水硅铀矿的溶解度 $\log K_{sp}$ 为 6.43[19]。

2.3.5 硫酸盐

铀酰离子与硫酸盐形成络合物的可能性小于与上述其他阴离子形成配合物的可能性。硫酸铀酰酯显示出负的溶解度产物。例如，Zippeite 报道的溶解度常数 $\log K_{sp}$ 为 -116.1 ~ -153.0，尽管数据未针对离子强度效应进行调整。铀酰硫酸盐在酸性环境中最为重要（图 2-1（c）和图 2-2（f））。在酸性矿山条件下，普遍存在 $UO_2SO_4^0$ 和 $UO_2(SO_4)^{2+}$ 配合物。虽然对采矿活动的详细讨论不在本章范围内，但开采过程中产生的污染物是环境中铀迁移的重要因素[20]。

2.3.6 钒酸盐

铀钒酸盐是一个重要的组分，因为钒和铀经常在矿床中一起发现，包括富含 OM 的矿床。它们的相对溶解度与上述铀矿物有关。铀钒酸盐是氧化还原敏感的，并具有几种氧化状态（Ⅲ、Ⅳ和Ⅴ），对其溶解度构成影响。在没有铀和 OM 的情况下，钒通常在可溶性氧化物（钒酸盐）、非可溶的氯化物（钒酸亚氯酸盐）或 $V^{Ⅲ}$ 氢氧化物（例如黑铁钒矿、$VO(OH)$）中形成[21]。

在与铀地球化学相关的条件下，天然水中的钒形态主要以 $H_2VO_4^-$、HVO_4^{2-} 和 VO^{2+} 的形式存在，特别是在 V 含量小于 10^{-4} mol/L 处。因此，V（Ⅴ）的氧化形态在水中占主导地位，并且在该状态下可以与铀结合；

而 V(Ⅳ)在较少的含氧条件下发生；V(Ⅲ)在高度还原的条件下被观察到。虽然人们对钒的地球化学了解很多，但对钒酸盐的研究却很有限。尽管在文献中认识到了铀-钒矿物，特别是三种最常见的铀-钒矿物：钒钾铀矿 [$K_2(UO_2)_2V_2O_8 \cdot 3H_2O$]、钒钙铀矿 [$Ca(UO_2)_2V_2O_8 \cdot 8H_2O$] 和准钒钙铀矿 [$Ca-(UO_2)_2V_2O_8 \cdot 3 \sim 5H_2O$]。一般来说，铀-钒矿物是可溶的，其溶解度受 pH 值影响。例如，Hosteller 和 Garrels 的报道，钒钾铀矿在 25℃下的溶解度为 3×10^{-7} mol/L^{-1}，在 pH = 7 ~ 8 时可溶。钒钙铀矿的溶解度比钒钾铀矿大，在 pH 值为 7 时铀的最小溶解度为 1μg/L。在 pH 值为 7 ~ 8 范围内时，碳酸钙的溶解度确实继续增加。然而，来自碳酸盐的竞争可能会导致 U-CO$_3$ 配合物的形成。Langmuir 进一步比较了钒钾铀矿和钒钙铀矿的离子活性产物（IAP）和它们的溶解度产物的 K_{sp}，得出钒钾铀矿（$K_{sp} = 10^{-56.9}$）和钒钙铀矿（$K_{sp} = 10^{-53.4}$）的平均对数（IAP/K_{sp}）分别为 -0.9 ± 3.8（± 2sd）[22]。

2.4   铀的相态和固定化途径

与第 2.3 节（研究铀相及其溶解度）不同，第 2.4 节引入了潜在的途径，通过这些途径，铀离子可能变得不可移动。这些途径包括沉淀和吸附过程，两者都会导致固体的形成。在沉淀的情况下，铀化合物可能嵌入溶质（或小颗粒）中形成不溶固体，而吸附作用使铀化合物在表面配合。本小节考虑的是这些固体连接在不同条件和竞争场景下的可行性。应注意 3 个重要因素：首先，因为铀氧化物和铀羟基配合物具有潜在的不稳定性，所以铀物种将与其他阴离子形成配合物，并且这些复合物将驱动铀的吸附和沉淀。Knope 和 Soderholm 评述了水生铀氧化物和氢氧化物、它们的键长和配位结构的进一步细节[23]。其次，在碳酸盐碱性条件下其具有对铀化学的优势；第三，针对离子竞争、分子间静电相互作用和溶液离子强度之间的复杂相互作用，采用表面配合模型（SCM）对结果进行了预测。

2.4.1   碳酸盐

铀在中高 pH 值下主要形成碳酸钙配合物。相反，UO_2^{2+} 对碳酸盐的高亲和力会导致碳酸盐矿物表面的吸附，如方解石［$CaCO_3$］和白云石［$CaMg(CO_3)_2$］，从而导致固化和富集。Kelly 等人使用 X 射线荧光显微镜检查 220MaU 富集方解石，发现铀以 U(Ⅵ)的形式存在[24]。作者提出在方解石形成过程中，由于没有铀价变化的证据，铀与 CO_3^{2-} 离子结合的机制导致了铀的吸附。在 $CaCO_3$ 存在下，U(Ⅵ)形成一个稳定的铀酰三碳酸钙配合物。在研究古代方解石中被认为对微生物还原具有抵抗力。因此，Bernhard 等人观察到碳酸二钙铀酰钙 $Ca_2UO_2(CO_3)_3$ 存在于采矿水域内，其水形态被认为在结构上与矿物锂辉石相似。

上述 UO_2^+ 与碳酸盐的亲和力也导致铀溶解度的增加。特别是随着 pH 值的增加(pH > 6 时)，UO_2^+ 占主导地位。在溶液中，碳酸铀酰配合物可以阻止 U(Ⅵ)在表面的吸附。pH < 5.5 的条件下，铀－羟基形态更为突出。当 pH 值为 6～8 时，水中铀物种 $UO_2(CO_3)_2^{2-}$ 占优势（图2-1）。当 pH > 8 时，U(Ⅵ)配合物离子转化为更稳定的 $UO_2(CO_3)_3^{4-}$ 离子，与 Krestou 和 Panias 的"开放系统"模型一致。碳酸盐的存在可以增加土壤中铀的迁移率，并抵消在碱性条件下阻止黏土矿物的阴离子和两性位点吸附的任何其他固有土壤性质。在这些条件下，铀形成高流动性的负电荷碳酸盐配合物，如 $UO_2(CO_3)_2^{2-}$ 或 $UO_2(CO_3)_3^{4-}$。同样，Zielinski 和 Meier 的吸附结果表明，泥炭在富含碳酸盐的环境中不能富集铀。在同一组实验中，Zielinski 和 Meier 发现 CO_3^{2-} 是从泥炭基质中提取铀的优秀萃取剂[25]。

2.4.2　磷酸盐

磷酸铀配合物是影响铀的环境命运和行为的另一个重要基团。磷酸盐和碳酸盐一样，与铀有很高的亲和力，更可能是由于矿化作用形成的。因此，可溶铀物种可能在原生铀矿溶解后形成次生矿床（例如花岗岩）。因此，水流中可溶性磷酸铀酰的存在与铀的勘探有关。同样，经常开采用于农业肥料的含磷矿物也可能含有大量的铀，并可能导致土壤和粮食产出中铀的富集。

铀酰磷酸盐通常与铁氢氧化物一起发现，其中铀吸附在 FeOOH 表面上，可用于 PO_4^{3-} 配合。钙铀云母（Ca）、准钙铀云母、铜铀云母

（Cu）、异硫氰酸盐和亚硒酸盐（Mg）是磷酸铀酰的主要矿物。U-PO₄
晶体结构及其键长已被 Burns 等人广泛研究。Ca-铀 – 磷矿物可能是通过
磷灰石矿物 [Ca₅(PO₄)₃(F, Cl, OH)] 和氧化的沥青铀矿/共溶剂之间
的相互作用而形成的。钙铀云母的晶体结构表明，U 和 P 以 1:1 的比例
出现，并在四方或伪四方结构中结晶，而磷橄榄石 [KCa(H₃O)₃
(UO₂)₇(PO₄)₄O₄·8H₂O] 以 3:2 的比例形成 U:P，并以平行薄片的
正交方式结晶[26]。

重要的是，磷酸盐和碳酸盐直接竞争铀。碳酸盐可与磷酸铀酰作为
铀酰离子反应，形成 pH = 6 ~ 7 以上的可溶性碳酸盐络合物[25]。因此，
当存在碳酸盐时，铀 – 磷酸盐可能会解离，导致 U（Ⅵ）碳酸盐络合物形
式的铀迁移率增加。式（2-1）描述了磷酸铀酰钙的这一过程：

$$Ca(UO_2)_2(PO_4)_{(s)} + 3CO_3^{2-} + H_2O \Longrightarrow UO_2(CO_3)_3^{4-} +$$

$$Ca^{2+} + HPO_4^{2-} + 2OH^- \qquad (2-1)$$

2.4.3　硅酸盐

硅酸铀酰 U（Ⅵ）矿物是铀矿床氧化带中的重要组分。硅酸盐对铀离
子的竞争力不如 CO_3^{2-} 或 PO_4^{3-}。但当硅酸盐浓度较高时，其也能与铀离
子较好的结合。硅酸铀酰通常只能通过在地下水中溶解二氧化硅产生，
其活性为 $H_4SiO_{4(aq)} \geqslant 10^{-3.7}$；并在 pH < 9 的水中形成和存在。在该条件
下，铀氧化物硅酸盐作为次要的矿物发生二次变化，在沥青铀矿和共熔
表面上被发现是氧化过程所导致。硅酸铀酰矿物可能发生在 U（Ⅳ）和
U（Ⅵ）的氧化态，其中 U（Ⅳ）的水硅铀矿和 U（Ⅵ）的硅钙铀矿和黄硅钾
铀矿最为常见。水硅铀矿可能经历几个阶段的变化，因此可能作为原生
或次生矿物存在于矿床中。Dreissig 等人报道了水硅铀矿的物理化学性质
和晶体结构。然而，1955 年以来，尽管在富含有机物的环境中被普遍
报道，水硅铀矿的实际结构却很难同时被定义和合成[11]。

有机质也可能影响硅酸铀酰的形成和硅酸铀酰胶体的形成。其形成
的机理可能如下：（1）铀 – 硅酸盐可能与 OM 的形成有关；（2）OM 可
能通过屏蔽 U（Ⅳ）矿物（如水硅铀矿）从氧化条件起到铀型硅酸盐化学
的重要作用；（3）OME 可以促进 U-Si 胶体形式的形成和稳定性。在一

般的金属胶体形成过程中，天然有机物（NOM）如腐殖物质对其他金属胶体的包覆和稳定能力已得到证实[27]。Dreissig 等人报道了基于实验室的 U-Si 胶体合成。如果这种形成发生在环境中，那么 OM 在稳定和/或动员铀方面可能发挥的作用需要进一步研究。Dreissig 等人还利用扩展 X 射线吸收精细结构（EXAFS）研究了 U-Si 胶体结构，并指出 U—O—Si 键是由硅取代非晶态 U(Ⅳ)氢氧化物的 U—O—U 键形成的。

2.4.4 硫酸盐

硫酸铀酰是另一类影响铀溶解度和沉积的物种和矿物。已发现 15 种矿物组成，其中最重要的两种是：铀铜矾 $[Cu(UO_2)_2^-(SO_4)_2(OH)_2 \cdot H_2O_8]$ 和铀钙矾 $[(UO_2)_6(SO_4)O_2^-(OH)_6 \cdot (H_2O)_6]$。尽管硫酸铀酰的形成过程可能主要是非生物的，但研究集中在硫酸盐还原细菌的生物还原上，这种反应也可能包括 NO_3^- 和 $Fe(Ⅲ)$ 的氧化还原[28]。

2.4.5 钒酸盐

钒酸铀酰是一类重要的矿物，在各种环境条件下都能对铀产生影响。结构相似的钒酸铀酰包括钒铀钡铅矿 $[Ba,Pb(UO_2)(V_2O_8) \cdot 5H_2O]$、钒钙铀矿 $[Ca(UO_2)(V_2O_8) \cdot 9H_2O]$、水钒铝铀矿 $[Al(OH)(UO_2)_2(V_2O_8) \cdot 3H_2O]$、钒钠铀矿 $[Na_2(UO_2)(V_2O_8) \cdot 6H_2O]$、钒铅铀矿 $[Pb_2(UO_2)(V_2O_8) \cdot 5H_2O]$、钒钾铀矿 $[K_2(UO_2)(V_2O_8) \cdot 3H_2O]$ 和变钒钙铀矿 $[Ca(UO_2)(V_2O_8) \cdot 3H_2O]$，其中最常见的是钒钾铀矿。这些铀－钒矿物之间的相似性源于层间阳离子（例如 Ca、K、Na、Ba）与 5 个氧原子配位的 V 原子，从而形成一层由 $[((UO_2)_2V_2O_8)_n]_{2n}$ 单位构成的层。图 2-2 所示为在 1/100 海水基质中含有 U、C、P、Si 和 V 作为 pH 值和 Eh 函数的亚纯地下水系统。这表明，在 pH 值为中性和 Eh 为阳性的环境下，可能形成硫氰酸盐。这表明，和中性 pH 值下和铀酰氢氧化物相比，U-V 矿物占主导地位[29]。

偏钒酸钾（KVO_3）加入 U(Ⅵ)溶液中，发现钒钾铀矿的沉淀。并在 pH = 4 ~ 8 的氧化条件且无 CO_3^{2-} 的情况下，沉淀进一步产生。根据 Langmuir 富含二氧化碳的地下水与地表大气中的二氧化碳平衡时，可能会发生碳酸钙沉淀[22]。或者，如果 pH 值保持在 7.5 以下，V 可以添加到含水层中，使铀沉淀为钒钾铀矿或钒钙铀矿。因此，可以通过 pH 值的中和作用，使 U(Ⅵ)通过钒钾铀矿或钒钙铀矿沉淀。

2.5　本章小结

本章从铀的迁移性、铀的氧化态、铀相及其溶解度、铀的相态和固定化途径 4 个方面，概述了铀的稳定性及迁移性状，总结如下：

（1）U(Ⅵ)在水环境中的迁移主要受 pH 值、U(Ⅵ)的形态、配体类型及其络合反应等因素的影响。

（2）铀的氧化态是决定其稳定性和迁移率的关键因素。自然环境中铀的氧化态主要为 U(Ⅵ)和 U(Ⅳ)，其他价态的铀通常比较罕见且稳定性较差，不能长时间的存在。通常认为水中的 U(Ⅵ)易随着地下水的流动而迁移，而 U(Ⅳ)则不易迁移。

（3）pH 值对铀相及其溶解度具有较大的影响。同时，铀在不同 pH 值下的形态，也与其他离子的浓度相关。铀相主要包括氢氧化物和氧化物、钒酸盐、硅酸盐、磷酸盐、硫酸盐和碳酸盐等。

（4）铀的相态对其固化途径影响显著。本节主要介绍了碳酸盐、磷酸盐、硅酸盐、硫酸盐和钒酸盐几种铀相的固化方法。

参 考 文 献

[1] Han R, Zou W, Wang Y, et al. Removal of uranium(Ⅵ) from aqueous solutions by manganese oxide coated zeolite: discussion of adsorption isotherms and pH effect [J]. Journal of Environmental Radioactivity, 2007, 93 (3): 127 ~ 143.

[2] Ulrich K, Ilton E S, Veeramani H, et al. Comparative dissolution kinetics of biogenic and chemogenic uraninite under oxidizing conditions in the presence of carbonate [J]. Geochimica et Cosmochimica Acta, 2009, 73 (20): 6065 ~ 6083.

[3] Fox P M, Davis J A, Kukkadapu R, et al. Abiotic U(Ⅵ) reduction by sorbed Fe (Ⅱ) on natural sediments [J]. Geochimica et Cosmochimica Acta, 2013, 117: 266 ~ 282.

[4] Liu C, Jeon B, Zachara J M, et al. Kinetics of microbial reduction of solid phase U

（Ⅵ）[J]. Environmental Science & Technology, 2006, 40 (20): 6290 ~ 6296.

[5] Ray A E, Bargar J R, Sivaswamy V, et al. Evidence for multiple modes of uranium immobilization by an anaerobic bacterium [J]. Geochimica et Cosmochimica Acta, 2011, 75 (10): 2684 ~ 2695.

[6] Ferronsky V I, Polyakov V A. Production and distribution of radiogenic isotopes [M] //Ferronsky V I, Polyakov V A. Isotopes of the Earth's Hydrosphere. Dordrecht: Springer Netherlands, 2012: 377 ~ 405.

[7] Kvashnina K O, Butorin S M, Mstyin P, et al. Chemical state of complex uranium oxides [J]. Physical review letters, 2013, 111 (25): 253002.

[8] Cerrato J M, Ashner M N, Alessi D S, et al. Relative reactivity of biogenic and chemogenic uraninite and biogenic noncrystalline U(Ⅳ) [J]. Environmental science & technology, 2013, 47 (17): 9756 ~ 9763.

[9] Sweet L E, Blake T A, Henager C H, et al. Investigation of the polymorphs and hydrolysis of uranium trioxide [J]. Journal of Radioanalytical and Nuclear Chemistry, 2013, 296 (1): 105 ~ 110.

[10] Hazen R M, Ewing R C, Sverjensky D A. Evolution of uranium and thorium minerals [J]. American Mineralogist, 2009, 94 (10): 1293 ~ 1311.

[11] Mesbah A, Szenknect S, Clavier N, et al. Coffinite, $USiO_4$, is abundant in nature: so why is it so difficult to synthesize? [J]. Inorganic chemistry, 2015, 54 (14): 6687 ~ 6696.

[12] Cumberland S A, Douglas G, Grice K, et al. Uranium mobility in organic matter-rich sediments: A review of geological and geochemical processes [J]. Earth-Science Reviews, 2016, 159: 160 ~ 185.

[13] Wang Q, Cheng T, Wu Y. Influence of mineral colloids and humic substances on uranium(Ⅵ) transport in water-saturated geologic porous media [J]. Journal of contaminant hydrology, 2014, 170: 76 ~ 85.

[14] Zhu B, Pennell S A, Ryan d K. Characterizing the interaction between uranyl ion and soil fulvic acid using parallel factor analysis and a two-site fluorescence quenching model [J]. Microchemical Journal, 2014, 115: 51 ~ 57.

[15] Shvareva T Y, Fein J B, Navrotsky A. Thermodynamic properties of uranyl minerals: constraints from calorimetry and solubility measurements [J]. Industrial & engineering chemistry research, 2012, 51 (2): 607 ~ 613.

[16] Gorman-Lewis D, Burns P C, Fein J B. Review of uranyl mineral solubility measurements [J]. The Journal of Chemical Thermodynamics, 2008, 40 (3): 335 ~ 352.

[17] Bi Y, Hyun S P, Kukkadapu R K, et al. Oxidative dissolution of UO_2 in a simulated groundwater containing synthetic nanocrystalline mackinawite [J]. Geochimica et Cosmochimica Acta, 2013, 102: 175 ~ 190.

[18] Banning A, Demmel T, Rüde T R, et al. Groundwater uranium origin and fate control in a river valley aquifer [J]. Environmental Science & Technology, 2013, 47 (24): 13941 ~ 13948.

[19] Vazquez G J, Dodge C J, Francis A J. Interactions of uranium with polyphosphate [J]. Chemosphere, 2007, 70 (2): 263 ~ 269.

[20] Um W, Icenhower J P, Brown C F, et al. Characterization of uranium-contaminated sediments from beneath a nuclear waste storage tank from Hanford, washington: Implications for contaminant transport and fate [J]. Geochimica et Cosmochimica Acta, 2010, 74 (4): 1363 ~ 1380.

[21] Tokunaga T K, Kim Y, Wan J, et al. Aqueous uranium (Ⅵ) concentrations controlled by calcium uranyl vanadate precipitates [J]. Environmental Science & Technology, 2012, 46 (14): 7471 ~ 7477.

[22] Langmuir D. Uranium solution-mineral equilibria at low temperatures with applications to sedimentary ore deposits [J]. Geochimica et Cosmochimica Acta, 1978, 42 (6, Part A): 547 ~ 569.

[23] Altmaier M, Gaona X, Fanghänel T. Recent advances in aqueous actinide chemistry and thermodynamics [J]. Chemical Reviews, 2013, 113 (2): 901 ~ 943.

[24] Santos E A, Ladeira A C Q. Recovery of uranium from mine waste by leaching with carbonate-based reagents [J]. Environmental Science & Technology, 2011, 45 (8): 3591 ~ 3597.

[25] Beazley M J, Martinez R J, Webb S M, et al. The effect of pH and natural microbial phosphatase activity on the speciation of uranium in subsurface soils [J]. Geochimica et Cosmochimica Acta, 2011, 75 (19): 5648 ~ 5663.

[26] Pinto A J, Gonçalves M A, Prazeres C, et al. Mineral replacement reactions in naturally occurring hydrated uranyl phosphates from the Tarabau deposit: Examples in the Cu-Ba uranyl phosphate system [J]. Chemical Geology, 2012, 312 ~ 313: 18 ~ 26.

[27] Cumberland S A, Lead J R. Synthesis of NOM-capped silver nanoparticles: size, morphology, stability, and NOM binding characteristics [J]. ACS Sustainable Chemistry & Engineering, 2013, 1 (7): 817~825.

[28] Salome K R, Green S J, Beazley M J, et al. The role of anaerobic respiration in the immobilization of uranium through biomineralization of phosphate minerals [J]. Geochimica et Cosmochimica Acta, 2013, 106: 344~363.

[29] Kanamori K, Tsuge K. Inorganic chemistry of vanadium [M] //Michibata H. Vanadium: Biochemical and Molecular Biological Approaches. Dordrecht: Springer Netherlands, 2012: 3~31.

3 铀的生物还原

3.1 微生物铀还原法的建立

通过测定 U(Ⅵ) 的存在对氢的消耗量，*Veillonella alcalescens* 粗提物中 U(Ⅵ) 的微生物还原作用被首次报道。这些实验是通过未加对照的粗提物进行的。在此期间，人们普遍认为非生物过程是厌氧或低氧化还原环境中 U(Ⅳ) 产生的原因，这些过程包括硫化物、Fe(Ⅱ) 或氢的还原[1]。

由于 U(Ⅵ) 的还原被认为是非生物的，因此有必要建立一些证据来确定微生物还原作用，以及随后这一过程潜在的生态和地质的重要性。Lovley 等人的工作是建立异化金属还原菌（DMRB）微生物还原 U(Ⅵ) 的关键。在用 Fe(Ⅲ) 还原菌、*Geobacter metallireducens* GS-15 菌株和 *Shewanella putrefaciens* 的纯培养物进行分析时，通过离子交换色谱分离 U(Ⅵ) 和 U(Ⅳ) 后，直接耦合等离子体光谱仪在 424.2 nm 处的 U(Ⅵ) 吸收降低，U(Ⅵ) 转化为不溶性 U(Ⅳ)。基于两种氧化还原物的磷光差分，随后的检测使用灵敏的脉冲氮染料激光器和专有络合剂（Chemchek 仪器，里奇兰，华盛顿），以确定可溶性 U(Ⅵ) 的减少。结果表明，活细胞和可氧化的底物对 U(Ⅵ) 转化是必需的。在实验过程中，未发现 Fe(Ⅱ) 对 U(Ⅵ) 的还原作用。此外，当提供还原剂的代谢源时，没有 Fe(Ⅱ) 的细胞无延迟地减少 U(Ⅵ)[2]。

后来的实验证明，几乎无处不在的 *Desulfovibrio* 硫酸盐还原菌能够在碳酸氢盐缓冲液中将 U(Ⅵ) 生物转化为 U(Ⅳ)。再次表明，提供具有可氧化底物的活细胞是必要的。代谢终产物硫化物对非生物还原的控制表明，酶法过程要较氧化还原快得多。重要的是，还原过程的温度曲线与细胞生长的温度曲线一致。然而，在这些实验中使用碳酸氢盐缓冲液是偶然的。因为后来的研究表明，在没有稳定的碳酸盐络合物的情况下，硫化物确实能迅速降低 U(Ⅵ)。唯一明显的共同因素是所有细菌的厌氧生长能力，氧化还原电位用来反映细菌降低 U(Ⅵ)的能力[3]。

3.2 还原微生物

许多原核生物都可以将 U(Ⅵ)还原为 U(Ⅳ)。如 Fe(Ⅲ)-还原细菌、硫酸盐还原菌（SRB）能够利用 U(Ⅵ)作为替代电子受体，并将其还原为不溶的 U(Ⅳ)。具有铀还原功能的 Fe(Ⅲ)还原菌包括 *Geobacter daltonii* 和 *Geobacter uraniireducens* 等，硫酸盐还原菌包括 *Desulfobacterium*、*Desulfovibrio* 和 *Desulfotomaculum*[4]。U(Ⅵ)生物还原过程中，*Geobacter* 在厌氧微生物群落中占主导地位，并可在各种电子供体（如乙酸盐、乳酸和葡萄糖）条件下存在。铀的初始生物还原与 *Geobacter* 的富集有关，在培养 30 ~ 50 天后，硫酸盐还原菌成为主要的还原微生物。然而，当有足够的醋酸盐存在时，*Geobacter* 和硫酸盐还原菌之间几乎没有竞争[5]。

自然环境中，硝酸盐等其他电子受体以及各种金属离子的存在，通常很难确定哪些微生物对 U(Ⅵ)的还原起作用，而这些金属离子也可以在厌氧环境下还原铀。然而，通常将 U(Ⅵ)的生物还原归因为最主要的作用。许多环境因素（如氧化还原电位、温度、盐度、pH 值、有机基质、污染物）对 U(Ⅵ)的原位生物修复造成影响[6]。*Desulfovibrio* 属在硫酸盐还原过程中占优势，*Clostridium* 属、*Ferribacterium* 属和 *Geothrix* 属在铁还原过程中占优势，*Geobacter* 属和梭菌（如 *Clostridium*）和 *Desulfosporosinus* 属可以用乙醇和甲醇富集。当添加乳化植物油（EVO）时，*Comamonadaceae*、*Geobacteriaceae* 和 *Desulfobacterales* 与 U(Ⅵ)还原有关。次表层地下水中以 *Geobacteraceae* 为主，而地下咸水中以 *Desulfuromonas* 属为主。*Ralstonia* 属和 *Dechloromonas* 属广泛存在于低硝酸盐中性 pH 值环境中，而 *Castellaniella* 和 *Burkholderia* 属则存在于酸性高硝酸盐的铀污染环境中。*Pseudomonas* 属、*Pantoea* 属和 *Enterobacter* 属能够在 pH = 5 ~ 6 下降低 U(Ⅵ)浓度。在硫酸盐还原菌中，有报道称其中一些能还原 U(Ⅵ)，而有些则不可以还原 U(Ⅵ)。例如，*Desulfovibrio* 属和

Clostrodium 属能有效地降低 U(Ⅵ)浓度，而乙酸激活的 *Desulfobacter* 属
和 *Desulfotomaculum* 属并没有还原 U(Ⅵ)的功能[7]。与 U(Ⅵ)生物还原
有关的微生物见表 3-1。

表 3-1　U(Ⅵ)还原相关的微生物

微　生　物	培养条件/电子供体	参考文献
Desulfovibrio，*Desulfobacterium* 和 *Desulfotomaculum*（硫酸盐还原菌）	乙醇	[8]
Desulfotomaculum reducens	低 pH 值，硝酸盐污染区域	[9]
Desulfovibrio，*Clostridium* 和 *Clostrodium* sp.	厌氧污泥颗粒	[10]
Desulfovibrio spp. 和 *Clostridium* sp.	乙醇	[11]
Desulfovibrio desulfuricans	H_2/乳酸盐	[12]
Desulfovibrio vulgaris	H_2	[13]
Desulforegula，*Veillonellaceae*，*Comamonadaceae*，*Geobacteriaceae* 和 *Desulfobacterales*	乳化植物油	[14]
Geobacter daltonii 和 *Geobacter uraniireducens*（铁还原菌）	乙醇	[8]
Geobacter metallireducens	H_2	[2]
Geobacter，*Desulfovibrio*，*Desulfosporosinus*，*Anaeromyxobacter* 和 *Acidovorax* sp.	乙醇	[15]
Geobacter，*Desulfuromonales* 和 *Desulfovibrio*	乙醇和醋酸盐	[16]
Geobacter，*Clostridium* 和 *Desulfosporosinus*	乙醇和甲醇	[16]
Pseudomonas sp.，*Pantoea* sp. 和 *Enterobacter* sp.	pH = 5 ~ 6	[17]
Ralstonia 和 *Dechloromonas* sp.	低碳酸盐浓度，中性 pH 值	
Castellaniella 和 *Burkholderia* sp.	酸性高，存在硝酸盐	[18]
Thiobacilus 和 *Ferribacterium* sp.	酸性高，存在硝酸盐	
Shewanella putrefaciens	H_2/乳酸盐	[19]

真菌也是地下微生物种群的重要组成部分，可能比许多细菌耐受更
高的铀浓度。然而，到目前为止，在没有任何相关研究表明，任何真菌
都可能将 U(Ⅵ)还原为 U(Ⅳ)[20]。

3.3　还原机理

电子从供体到 U(Ⅵ)的流动途径、电子转移到 U(Ⅵ)的数量、参与
U(Ⅵ)还原的酶和基因以及 U(Ⅵ)与其他电子受体之间的竞争，一直是

研究 U(Ⅵ)还原过程的关键领域。细菌菌毛具有高导电性，可以将电子从细胞转移到电子受体。此外，这些纳米线参与了 U(Ⅵ)还原过程，这是由于 U(Ⅳ)沉淀在细胞上的位置以及在 *Desulfovibrio desulfuricans* G20 细胞表面与沉淀铀形成了"针状结构"。U(Ⅵ)还原为 U(Ⅳ)似乎需要两个电子[21]。然而，Renshaw 等人认为 U(Ⅵ)先还原为 U(Ⅴ)，再通过歧化作用形成 U(Ⅳ)和 U(Ⅵ)。许多研究者已证实，铀矿物既可存在于细菌的细胞外膜，又可集中于细菌的细胞周质。硫酸盐还原条件下 dsr 和 mcr 基因表达增加，而 c 型细胞色素基因主要与 *Geobacter* 属相关[22]。U(Ⅵ)由 *Geobacter metallireducens* 优先还原为 U(Ⅳ)，电子非生物转移到 Fe(Ⅲ)氧化物。在反应体系中引入 U(Ⅵ)降低了 Fe(Ⅲ)的还原，表明铀是比 Fe(Ⅲ)更好的终端电子受体。然而，Bruce 等人的研究结果表明 Fe(Ⅲ)-还原微生物优先还原 Fe(Ⅲ)而非 U(Ⅵ)。当 Fe(Ⅲ)耗尽时，硫酸盐还原菌优先还原 U(Ⅵ)而不是还原硫酸盐。其可能的原因是与硫酸盐相比，U(Ⅵ)更有利于收集能量。U(Ⅵ)、硫酸盐、硝酸盐和 Fe(Ⅲ)等电子受体按照其氧化还原电位的顺序被还原与否，仍不明确。U(Ⅵ)减少的示意图如图 3-1 所示。

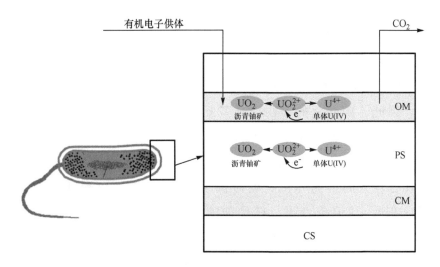

图 3-1 U(Ⅵ)生物还原机理图[23]

电子从细菌转移到 UO_2^{2+}，导致形成铀矿物或单体 U(Ⅵ)

PS—周质；OM—外膜；CS—细胞质；CM—细胞质膜

3.4 影响因素

3.4.1 氧化剂

自然环境中，氧、Mn(Ⅲ,Ⅳ)、Fe(Ⅲ)、硫酸盐和硝酸盐等氧化剂可与U(Ⅵ)竞争电子，从而对U(Ⅵ)还原效率以及生物还原的U(Ⅳ)稳定性构成影响。

氧的状态（溶解态或气态）和浓度都可能影响生物还原U(Ⅳ)的稳定性。氧存在下，几乎所有的生物还原的U(Ⅳ)可在培养基120天内被再氧化。另一项研究表明，暴露于溶解氧后88%的生物还原的U(Ⅳ)在54天内被重新释放[24]。相比之下，只有17%的生物还原U(Ⅳ)矿物在暴露于来福场地12mg/L的溶解氧的地下水沉积物中，一个月内被重新活化。只有7%的生物还原的U(Ⅳ)在汉福德场地沉积物样品暴露于含氧河水后50天，余下的93%的生物还原的U(Ⅳ)被发现是纳米颗粒的沥青铀矿。该实验表明沥青铀矿在低溶解氧浓度下具有抗再氧化的能力[25]。有趣的是，添加氧到 Desulfovibrio 占主导地位的硫酸盐还原过程导致生物还原的U(Ⅳ)几乎完全再氧化。然而，这对以 Clostridium 为主的铁还原过程的影响有限[16]。

硝酸盐具有更高的电子势能，并且在能量获取上比U(Ⅵ)和Fe(Ⅲ)更有利。因此，硝酸盐的存在抑制了U(Ⅵ)还原条件的发展。此外，高浓度的硝酸盐会对 SRB 的生长和代谢具有抑制作用，从而对铀废水的处理效率构成影响[26]。例如，190mmol/L 硝酸盐的存在对 SRB 还原U(Ⅵ)具有轻微的抑制作用，但对低于95mmol/L的硝酸盐浓度没有抑制作用。在低 pH 值条件下，硝酸盐的还原是优先的。因为随后的反硝化产生 OH^- 和 HCO_3^-，从而中和 pH 值并促进金属还原[27]。在U(Ⅵ)还原后，Pseudomonas 和硝酸盐加入生物还原的U(Ⅳ)沉积物微模型中时，U(Ⅳ)会再氧化。然而，当系统中只加入硝酸盐时，再氧化反应不发生。厌氧条件下和中性 pH 值下，Thiobacillus denitrificans 被报道具有氧化合成和生物生成沥青铀矿以及还原硝酸盐的作用。U(Ⅳ)的再氧化被认为与硝酸盐还原细菌的缺乏或 Fe(Ⅱ) 的氧化还原缓冲效应有关。与硝酸盐相比，亚硝酸盐是一种相对较差的 U(Ⅳ) 氧化剂。然而，当与 Fe(Ⅱ) 结合时，U(Ⅳ) 完全氧化。Fe(Ⅱ) 可在亚硝酸盐还原和 U(Ⅳ) 氧化之间进行电子穿梭。

硫酸盐浓度和 *SRB* 的种类对 U(Ⅵ) 还原效率均具有重要影响。硫酸盐存在下，*D. desulfuricans* 和 *Desulfovibrio vulgaris/Clostridium* 属共培养的 U(Ⅵ) 还原率更高。当硫酸盐浓度低于 4000mg/L 时，*SRB* 对铀沉淀无影响。当硫酸盐浓度达到 6000mg/L 时，铀的去除率显著降低[26]。

马基诺矿 (Mackinawite) 和其他亚铁硫化物和氧化物在低磷酸盐浓度下将 U(Ⅵ) 还原成 U(Ⅳ)。非生物的 U(Ⅵ) 还原速率和程度主要由表面吸附 Fe(Ⅱ) 和水溶液中的 U(Ⅵ) 浓度控制。U(Ⅵ) 的吸附是 Fe(Ⅱ) 介导的非生物还原 U(Ⅵ) 的关键反应[28]。例如，在沉积物中，Fe(Ⅱ) 可能不会由于 U(Ⅵ) 对 Fe(Ⅲ) 氧化物的吸附而不可逆地还原 U(Ⅵ)。与赤铁矿、水合氧化铁和针铁矿等合成的 Fe(Ⅲ) 氧化物相比，吸附到含有固体的天然 Fe(Ⅲ) 氧化物中的 U(Ⅵ) 的生物还原作用较慢且不太广泛。*Geobacter* 活性的持续性与 Fe(Ⅲ) 的存在相关，尽管 Fe(Ⅲ) 也可能与 U(Ⅵ) 竞争电子。还原条件下，可溶性 Fe(Ⅲ) 导致了铀纳米晶的再活化，而结晶赤铁矿则不会再活化[29]。然而，赤铁矿在 *SRB* 存在下氧化了 U(Ⅳ)，表明 *SRB* 的活性在某种程度上促进了 Fe(Ⅲ) 的溶解。另一方面，Fe(Ⅲ) 还原条件下的二次矿物的产生，可能对 U(Ⅳ) 起到保护作用。例如，据报道马基诺矿可通过清除溶解氧部分地保护生物 U(Ⅳ) 免受氧化。亚铁硫化物在保护生物还原的 U(Ⅳ) 免受氧化作用方面比硝酸盐更有效。相反，Komlos 等人报道，从 Fe(Ⅲ) 还原条件下的二次产物在低硫酸盐条件下不能显著地保护生物 U(Ⅳ) 免受氧或硝酸盐氧化[24]。

在 *Shewanella putrefaciens* 的存在下，Mn(Ⅲ/Ⅳ) 氧化物可将生物沉淀生成的天晶石氧化为可溶性 U(Ⅵ)。然而，U(Ⅳ) 在细胞周质中的积聚保护了生物还原的 U(Ⅳ) 不被进一步氧化。当两种矿物 UO_2 和 MnO_2 物理分离时，UO_2 没有被 MnO_2 氧化。当混合在一起时，MnO_2 则促进了 UO_2 的再活化。Plathe 等人认为 U(Ⅳ) 对 U(Ⅵ) 的再氧化主要是由于 O

而不是 Mn 氧化物的存在。锰氧化物对 O_2 作用氧化产生的 U(Ⅵ)具有稳定作用[30]。

3.4.2 电子供体和碳酸盐

各种电子供体已被证明能刺激细菌还原 U(Ⅵ)。其中醋酸盐是实验室和现场实验中最常用的电子供体，其次有葡萄糖、乳酸盐和乙醇。其他电子供体包括苯甲酸盐、丁酸盐和丁醇，以及芳香烃，如甲苯、氢、甲酸盐、丙酮酸盐和富马酸盐。此外，氢释放化合物（HRC）、乳化大豆油（ESO）和乳化植物油（EVO）也被证明能降低 U(Ⅵ)[5]。Liu 等的报道称，H_2 导致 U(Ⅵ)的还原率高于乳酸。Finneran 等人报道称醋酸和葡萄糖比乳酸、苯甲酸和甲酸更有效降低 U(Ⅵ)。Luo 等报道称，乙醇比醋酸能更有效地还原铀[23]。结果表明，甲醇对 U(Ⅵ)的还原程度高于葡萄糖，葡萄糖对 U(Ⅵ)的还原程度远高于乙醇。植物油和 HRC 对 U(Ⅵ)的去除效果高于乙酸盐。

CO_2 分压升高和（或）微生物呼吸作用引起的碳酸盐浓度变化形成了 U(Ⅵ)碳酸盐配合物，改变了 U(Ⅳ)/U(Ⅵ)的平衡。U(Ⅵ)与 CO_3^{2-} 形成强水络合物从而增加 U(Ⅵ)的溶解度[31]。微生物呼吸引起的碳酸氢盐浓度升高可降低 U(Ⅵ)的还原率。在充足的电子供体（ED）供应下，U(Ⅵ)在培养的前 80 天降低。然而，由于在微生物降解过程中形成了 U(Ⅵ)碳酸盐络合物，之后观察到再氧化的 U(Ⅵ)浓度增加。因此，ED 供应率是 U(Ⅵ)还原过程中的一个控制因素。过量的 ED 供给导致了稳定的铀酰碳酸盐络合物的形成，促进了生物还原的 U(Ⅳ)的再氧化。较低的能源供应率无法维持 U(Ⅵ)浓度的下降[32]。

3.4.3 不同类型的 U(Ⅳ)产物

在还原条件下，U(Ⅵ)被还原成相对不溶的、不可迁移的铀矿物。一种无定形矿物单体 U(Ⅳ)的制备已被报道。例如，与 *Geobacter* 和 *Shewanella* 相比，*Desulfobacterium* 产生的单核 U(Ⅳ)原子被碳酸盐或磷酸盐等配体紧密包围。几种常见的地下水溶质（硫酸盐、硅酸盐和磷酸盐）的存在促进了单体 U(Ⅳ)的形成[33]。在生物质、水溶液或矿物表面与磷酸盐结合也促进了单体 U（Ⅳ）的形成。在 U（Ⅵ）生物还原过程中，单体 U（Ⅳ）和铀矿物的丰度相似，但没有发现单体 U（Ⅳ）转化为铀矿物的证据。在不影响沥青铀矿稳定性的情况下，通过碳酸氢盐络合法可从铀晶石和铀单体混合物中有效地去除了铀单体。单体 U（Ⅳ）比生物还原生成的沥青铀矿更易氧化[34]。

除沥青铀矿和单体 U（Ⅳ）外，还报道了其他形式的还原 U（Ⅳ）。铁还原菌还原 U（Ⅵ）－磷酸盐矿物导致形成了 U（Ⅳ）矿物水磷铀钙矿 $[CaU(PO_4)_2 \cdot H_2O]$ 而不是铀铁矿。除沥青铀矿外，还观察到 U（Ⅳ）－正磷酸盐，如 $U_2O(PO_4)_2$、$CaU(PO_4)_2 \cdot H_2O$ 和 $[CaU_2(PO_4)(P_3O_{10})]$。*S. putrefaciens* CN-32、*Geobacter sulfurreducens* PCA 和 *Anaeromyxobacter dehalogenans* K 可不同程度地将磷酸氢铀酰（HUP）转化为 U（Ⅳ）。生物还原的 U（Ⅳ）原子的结构与水磷钙铀矿发现的磷酸盐络合的 U（Ⅳ）原子的结构相似。其他不溶性 U（Ⅳ）矿物，包括水硅铀矿 $[U(SiO_4) \cdot nH_2O]$ 和水磷铀钙矿 $[CaU(PO_4)_2 \cdot 2H_2O]$ 比非晶界对再活化的敏感性低[35]。

综上所述，沥青铀矿比单体 U（Ⅳ）更稳定，是生物修复铀污染场地的首选 U（Ⅳ）形态。然而，在大多数 U（Ⅵ）还原反应中形成了单体 U（Ⅳ）。并且配体的存在，如磷酸盐、碳酸盐和其他配体，似乎是影响其形成的主要因素。其他因素也会影响这一过程。例如，细菌群落的异质性可能导致不同种类的 U（Ⅳ）随 pH 值、温度、氧化还原电位、盐度的降低而减少，其他离子的存在及其浓度也在这一过程中作用的发挥。

3.4.4 影响铀生物修复的地球化学因素

了解影响铀还原物种稳定性的非生物因素对于预测微生物还原 U（Ⅵ）的修复很重要。中性 pH 值下，地下水中的 U（Ⅵ）可能主要与无机碳络合，其形式比有机络合物中的 U（Ⅵ）更不易受到微生物 U（Ⅵ）还原的影响。与非生物还原剂相比，有机络合物中的 U（Ⅵ）更容易通过酶法还原[36]。其中无机成分，如 Ca^{2+} 和 HCO_3^-，会抑制 U（Ⅵ）还原。只有在酶法过程中，U（Ⅵ）才会被有效去除[37]。

虽然微生物还原 U（Ⅵ）的最主要产物是直径 <3nm 的纳米颗粒铀

矿，但最近的研究表明，在生物量或矿物相上，U(Ⅳ)与磷酰基和
（或）羧酸基配位的聚合物的有序性较差，如水磷铀钙矿、$CaU(PO_4)_2$。
U(Ⅳ)和地球化学的化学和物理特性，影响 U(Ⅳ)通过复合物的形成对
氧化和还原的敏感性[38]。虽然沥青铀矿的生物成因通过与 Ca^{2+} 的反应
和 Mn^{2+} 的结构掺入而减弱，但维持低渗透沉积物中的低水平溶解氧和
（或）封存，或包裹生物量是最重要的稳定机制[39]。

对 U(Ⅳ)沉淀的潜在再活化是一个问题。微生物还原 U(Ⅵ)作为一
种生物修复策略的重要局限性在于铀仍留在地下。其他潜在的缺点是由
于生物量和矿物积累导致渗透性含水层损失，这可能会阻碍有机碳的长
期输送，并释放有毒污染物（如砷）吸附在 Fe(Ⅲ)氧化物上[40]。

通过安置电极来促进微生物对 U(Ⅵ)的还原是克服这些限制的另一
种方法。电极可为 U(Ⅵ)还原的电子供体。负平衡电极可提供稳定、恒
定的电子源，而不会促进微生物对硫酸盐或 Fe(Ⅲ)的还原。此外，电
极驱动的微生物还原 U(Ⅵ)的过程中，所产生的 U(Ⅳ)可在电极上形成
沉淀，有助于清除地下水中的铀。尽管不以还原为基础，但铀生物固定
的替代机制继续成为地下水修复的研究兴趣[41]。

3.4.5　pH 值、氧化还原电位和其他因素

U(Ⅵ)的还原高度依赖于 U(Ⅵ)的形态，并随 pH 值的变化而变化。
例如，U(Ⅵ)氢氧化物和 U(Ⅵ)有机配合物中的 U(Ⅵ)还原最快，比
U(Ⅵ)-碳酸盐络合物快 24 倍，比 U(Ⅵ)-碳酸酯络合物快 735
倍[35]。在碳酸氢盐存在下，U(Ⅵ)的还原作用更强，有利于 HUP 的溶
解。而磷酸盐的生物还原作用较弱。较高的 pH 值下，氧化还原电位呈
负值增加，从而导致 U(Ⅵ)还原速度减慢。例如，相对较小的 pH 值变
化（如从 6.3 升高到 6.8），可明显地减缓微生物对 U(Ⅵ)的还原速率。
pH 值为 8 时，还原速率最低[35]。

高浓度的 Cu^{2+} 也显示出具有抑制 U(Ⅵ)还原的作用。在氧化铁存
下，铝氧化物在 pH 值大于 4 的情况下不太可能参与铀的还原。相比之
下，U(Ⅵ)还原速率随着溶解无机碳和 Ca^{2+} 浓度的增加而增加[35]。腐
殖酸和黄腐酸等腐殖酸物质对 U(Ⅵ)的还原是有益的。然而，通过与这

些腐殖物质中的羧基、羟基和酮等官能团的络合，在氧暴露下观察到 U（Ⅳ）再氧化的增加。柠檬酸盐、EDTA 和 NTA 等螯合剂通过形成稳定的 U（Ⅵ）络合物有效地对生物还原的 U（Ⅳ）进行再活化[42]。

3.5 本章小结

本章从微生物铀还原法的建立、还原微生物、还原机理、影响因素 4 个方面，概述了铀的生物还原，总结如下：

（1）研究人员在实验中偶然发现微生物可以还原 U（Ⅵ），并通过不断的实验，总结相关经验，建立了生物还原的这一研究方向。

（2）许多原核生物都可将 U（Ⅵ）还原为 U（Ⅳ）。其中，Fe（Ⅲ）-还原菌和硫酸盐还原菌（SRB）等较为常见。

（3）微生物还原 U（Ⅵ）的机理，主要是 U（Ⅵ）、硫酸盐、硝酸盐和 Fe（Ⅲ）等电子受体与电子供体间发生了氧化还原反应。然而，电子受体还原的优先级相关的机理，目前仍不明确。

（4）影响 U（Ⅵ）还原的因素主要有氧化剂、电子供体和碳酸盐、不同类型的 U（Ⅳ）产物、地球化学组成、pH 值、氧化还原电位和其他因素等。

参 考 文 献

[1] Wall J D, Krumholz L R. Uranium reduction [J]. Annu. Rev. Microbiol. , 2006, 60: 149~166.

[2] Lovley D R, Phillips E, Gorby Y A, et al. Microbial uranium reduction [J]. Nature, 1991, 350: 413~416.

[3] Beyenal H, Sani R K, Peyton B M, et al. Uranium immobilization by sulfate-reducing biofilms [J]. Environmental science & technology, 2004, 38 (7): 2067~2074.

[4] Akob D M, Lee S H, Sheth M, et al. Gene expression correlates with process rates quantified for sulfate-and Fe(Ⅲ)-reducing bacteria in U(Ⅵ)-contaminated sediments [J]. Frontiers in microbiology, 2012, 3: 280.

[5] Barlett M, Zhuang K, Mahadevan R, et al. Integrative analysis of Geobacter spp. and

sulfate-reducing bacteria during uranium bioremediation [J]. Biogeosciences, 2012, 9 (3): 1033 ~ 1040.

[6] Vishnivetskaya T A, Brandt C C, Madden A S, et al. Microbial community changes in response to ethanol or methanol amendments for U(Ⅵ) reduction [J]. Appl. Environ. Microbiol. , 2010, 76 (17): 5728 ~ 5735.

[7] Tapia-rodriguez A, Luna-velasco A, Field J A, et al. Anaerobic bioremediation of hexavalent uranium in groundwater by reductive precipitation with methanogenic granular sludge [J]. Water research, 2010, 44 (7): 2153 ~ 2162.

[8] Akob D M, Lee S H, Sheth M, et al. Gene expression correlates with process rates quantified for sulfate-and Fe(Ⅲ) -reducing bacteria in U(Ⅵ) -contaminated sediments [J]. Frontiers in microbiology, 2012, 3: 280.

[9] Shelobolina E S, Sullivan S A, O, et al. Isolation, characterization, and U(Ⅵ) -reducing fotential of a facultatively anaerobic, acid-resistant bacterium from low-pH, nitrate-and U(Ⅵ) -contaminated subsurface sediment and description of salmonella subterranea sp. nov [J]. Applied and Environmental Microbiology, 2004, 70 (5): 2959.

[10] Tapia-rodriguez A, Luna-velasco A, Field J A, et al. Anaerobic bioremediation of hexavalent uranium in groundwater by reductive precipitation with methanogenic granular sludge [J]. Water Research, 2010, 44 (7): 2153 ~ 2162.

[11] Boonchayaanant B, Nayak D, Du X, et al. Uranium reduction and resistance to reoxidation under iron-reducing and sulfate-reducing conditions [J]. Water Research, 2009, 43 (18): 4652 ~ 4664.

[12] Lovley D R, Plillips E J. Reduction of uranium by desulfovibrio desulfuricans [J]. Applied and Environmental Microbiology, 1992, 58 (3): 850.

[13] Lovley D R, Widman P K, Woodward J C, et al. Reduction of uranium by cytochrome c3 of Desulfovibrio vulgaris [J]. Appl. Environ. Microbiol. , 1993, 59 (11): 3572 ~ 3576.

[14] Gihring T M, Zhang G, Brandt C C, et al. A limited microbial consortium is responsible for extended bioreduction of uranium in a contaminated aquifer [J]. Applied and Environmental Microbiology, 2011, 77 (17): 5955.

[15] Cardenas E, Wu W, Leigh M B, et al. Microbial communities in contaminated sediments, associated with bioremediation of uranium to submicromolar levels [J]. Appl. Environ. Microbiol. , 2008, 74 (12): 3718 ~ 3729.

[16] Luo W, Wu W, Yan T, et al. Influence of bicarbonate, sulfate, and electron donors on biological reduction of uranium and microbial community composition [J]. Applied Microbiology and Biotechnology, 2007, 77 (3): 713~721.

[17] Chabalala S, Chirwa E M N. Uranium(Ⅵ) reduction and removal by high performing purified anaerobic cultures from mine soil [J]. Chemosphere, 2010, 78 (1): 52~55.

[18] Spain A M, Krumholz L R. Nitrate-reducing bacteria at the nitrate and radionuclide contaminated Oak Ridge Integrated field research challenge site: a review [J]. Geomicrobiology Journal, 2011, 28 (5~6): 418~429.

[19] Fredrickson J K, Zachara J M, Kennedy D W, et al. Influence of Mn oxides on the reduction of uranium(Ⅵ) by the metal-reducing bacterium Shewanella putrefaciens [J]. Geochimica et Cosmochimica Acta, 2002, 66 (18): 3247~3262.

[20] Mumtaz S, Streten-Joyce C, Parry D L, et al. Fungi outcompete bacteria under increased uranium concentration in culture media [J]. Journal of environmental radioactivity, 2013, 120: 39~44.

[21] Marsili E, Beyenal H, Di Palma L, et al. Uranium removal by sulfate reducing biofilms in the presence of carbonates [J]. Water science and technology, 2005, 52 (7): 49~55.

[22] Liang Y, Van Nostrand J D, Lucie A N, et al. Microbial functional gene diversity with a shift of subsurface redox conditions during in situ uranium reduction [J]. Appl. Environ. Microbiol., 2012, 78 (8): 2966~2972.

[23] Wufuer R, Wei Y, Lin Q, et al. Uranium bioreduction and biomineralization [M]. Elsevier, 2017: 137~168.

[24] Komlos J, Peacock A, Kukkadapu R K, et al. Long-term dynamics of uranium reduction/reoxidation under low sulfate conditions [J]. Geochimica et Cosmochimica Acta, 2008, 72 (15): 3603~3615.

[25] Newsome L, Morris K, Lloyd J R. The biogeochemistry and bioremediation of uranium and other priority radionuclides [J]. Chemical Geology, 2014, 363: 164~184.

[26] Hu K, Wang Q, Tao G, et al. Experimental study on restoration of polluted groundwater from in situ leaching uranium mining with sulfate reducing bacteria and ZVI-SRB [J]. Procedia Earth and Planetary Science, 2011, 2: 150~155.

[27] Thorpe C L, Law G T, Boothman C, et al. The synergistic effects of high nitrate con-

centrations on sediment bioreduction [J]. Geomicrobiology Journal, 2012, 29 (5): 484 ~ 493.

[28] Fox P M, Davis J A, Kukkadapu R, et al. Abiotic U(Ⅵ) reduction by sorbed Fe (Ⅱ) on natural sediments [J]. Geochimica et Cosmochimica Acta, 2013, 117: 266 ~ 282.

[29] Zhuang K, Ma E, Lovley D R, et al. The design of long-term effective uranium bioremediation strategy using a community metabolic model [J]. Biotechnology and bioengineering, 2012, 109 (10): 2475 ~ 2483.

[30] Plathe K L, Lee S, Tebo B M, et al. Impact of microbial Mn oxidation on the remobilization of bioreduced U(Ⅳ) [J]. Environmental Science & Technology, 2013, 47 (8): 3606 ~ 3613.

[31] Ulrich K, Ilton E S, Veeramani H, et al. Comparative dissolution kinetics of biogenic and chemogenic uraninite under oxidizing conditions in the presence of carbonate [J]. Geochimica et Cosmochimica Acta, 2009, 73 (20): 6065 ~ 6083.

[32] Wan J, Tokunana T K, Kim Y, et al. Effects of organic carbon supply rates on uranium mobility in a previously bioreduced contaminated sediment [J]. Environmental science & technology, 2008, 42 (20): 7573 ~ 7579.

[33] Stylo M, Alessi D S, Shao P P, et al. Biogeochemical controls on the product of microbial U(Ⅵ) reduction [J]. Environmental science & technology, 2013, 47 (21): 12351 ~ 12358.

[34] Cerrato J M, Ashner M N, AlessiI D S, et al. Relative reactivity of biogenic and chemogenic uraninite and biogenic noncrystalline U(Ⅳ) [J]. Environmental science & technology, 2013, 47 (17): 9756 ~ 9763.

[35] Lee S Y, Baik M H, Choi J W. Biogenic formation and growth of uraninite (UO₂) [J]. Environmental science & technology, 2010, 44 (22): 8409 ~ 8414.

[36] Ulrich K, Veeramani H, Bernier-latmani R, et al. Speciation-dependent kinetics of uranium(Ⅵ) bioreduction [J]. Geomicrobiology Journal, 2011, 28 (5 ~ 6): 396 ~ 409.

[37] Williams K H, Long P E, Davis J A, et al. Acetate availability and its influence on sustainable bioremediation of uranium-contaminated groundwater [J]. Geomicrobiology Journal, 2011, 28 (5 ~ 6): 519 ~ 539.

[38] Bbernier-latmani R, Veeramani H, Vecchia E D, et al. Non-uraninite products of microbial U(Ⅵ) reduction [J]. Environmental science & technology, 2010, 44

(24)：9456~9462.

[39] Campbell K M, Veeramani H, Ulrich K, et al. Oxidative dissolution of biogenic u-raninite in groundwater at old rifle, CO [J]. Environmental science & technology, 2011, 45 (20)：8748~8754.

[40] Giloteaux L, Holmes D E, Williams K H, et al. Characterization and transcription of arsenic respiration and resistance genes during in situ uranium bioremediation [J]. The ISME journal, 2013, 7 (2)：370~383.

[41] Beazley M J, Martinez R J, Webb S M, et al. The effect of pH and natural microbial phosphatase activity on the speciation of uranium in subsurface soils [J]. Geochimica et Cosmochimica Acta, 2011, 75 (19)：5648~5663.

[42] Stewart B D, Girardot C, Spycher N, et al. Influence of chelating agents on biogenic uraninite reoxidation by Fe (Ⅲ) (Hydr) oxides [J]. Environmental Science & Technology, 2013, 47 (1)：364~371.

4 铀 还 原 酶

4.1 微生物异化还原 U(Ⅵ)的酶学研究

一般来说，微生物对放射性核素（M）的异化还原是通过酶的产生以及氢和（或）有机化合物作为电子供体（式（4-1））来实现的。U(Ⅵ)的酶氧化还原反应详情如下[1]。U(Ⅵ)还原微生物的系统发育树状图如图 4-1 所示。

$$M_{\text{氧化态（可溶）}} \xrightarrow{\quad\text{酶}\quad} M_{\text{还原态（不可溶）}} \qquad\qquad (4\text{-}1)$$

微生物对铀的异化还原是通过酶还原铀来实现的。铀还原酶在氢（式（4-2a））或有机化合物（广义为 CH_2O）（式（4-2b））作为电子供体的存在下，将 U(Ⅵ)（铀酰离子：UO_2^{2+}）还原为 U(Ⅳ)（沥青铀矿：UO_2）。

$$UO_2^{2+}{}_{\text{（可溶）}} + H_2 \longrightarrow UO_{2\text{（不可溶）}} + 2H^+ \qquad (4\text{-}2a)$$

$$UO_2^{2+}{}_{\text{（可溶）}} + CH_2O + H_2O \longrightarrow UO_{2\text{（不可溶）}} + CO_2 + 4H^+ \qquad (4\text{-}2b)$$

从 *Geobacter* 属、*Desulfovibrio* 属和 *S. putrefaciens* 中分离纯化了铀还原酶，并对其进行了生化鉴定。铀还原酶的生化特性表明，它是一种分子量为 9.6kDa 的 c_3 血红素细胞周质色素 c_7（PpcA）[2]。以乙酸盐为电子供体的 PpcA 缺失，突变体的铀还原酶活性降低。此外，铀还原酶在 *Pseudomonas aeruginosa* 细胞周质中形成 U(Ⅳ) 沉淀，蛋白酶对酶活性无影响，表明该酶定位于细胞周质[3]。

体外研究表明，在普通 *Desulfovibrio* 中，铀还原酶活性存在于可溶性组分中，需要四位细胞色素 c_3 和氢化酶作为电子供体。四位细胞色素 c_3 在结构上类似于 *G. sulfurreducens* 的 PpcA。对缺乏细胞色素 c_3 的 *D. desulfuricans* G20 突变体的体内研究表明，以氢分子为电子供体，U(Ⅵ)

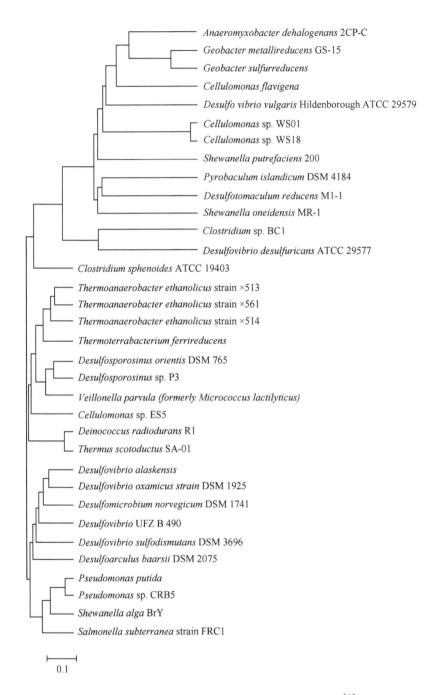

图 4-1　U(Ⅵ)还原微生物的系统发育树状图[1]

（比例尺代表每个核苷酸位置 0.1 个替换）

还原降低了90%。在有机酸（乳酸或丙酮酸）的存在下，U(Ⅵ)的还原率由70%下降到50%[4]。这些结果表明，除细胞色素外，其他蛋白质也参与了 *D. desulfuricans* 对 U(Ⅵ)的还原。

S. putrefaciens 200 和 *S. oneidensis* MR-1 菌株的 U(Ⅵ)还原分别由细胞外膜和 c 型细胞色素发生。*S. putrefaciens* 200 和 *S. oneidensis* MR-1 菌株的突变分析表明，与细胞色素 c 结合，其他亚硝酸盐还原酶也参与了U(Ⅵ)的还原[2]。

4.2　铀还原酶

4.2.1　生物有效铀配合物

寻找 U(Ⅵ)还原酶的特性和电子从底物流向酶的途径，试图了解酶的作用过程。评估铀还原潜力的生态分布，以确定可能刺激还原的方案，并确定基因操作增加还原酶数量或活性的可能性。目前的数据还没有确定专门的还原酶。由于铀不被认为是任何酶或生物结构的重要组成部分，因此不存在用于减少有效的还原系统的进化压力。为了确定负责还原的酶或蛋白质，重要的是要考虑到铀的底物是什么。生物利用度和还原酶的获取取决于金属的形态[5]。

在含氧地表水中，UO_2^{2+} 和 $UO_2(OH)^+$ 存在，并与碳酸盐、磷酸盐和腐殖物质形成稳定的可溶性络合物。这些配合物的形成受 pH 值、*Eh*（还原电位）、温度和配体浓度的控制。由于相互作用的复杂性，许多基于热力学考虑的形态预测的建模程序已经被使用（例如，MINTEQA2，PHREEQE，或 MINEQL）[6]。平衡形态用 HARPHRQ 模型预测。铀浓度小于 40mg/L 的 $CaCO_3$ 溶液含氧水中的 U(Ⅵ)形态为 $(UO_2)_2(OH)_3CO_3$ 和 $UO_2(OH)_3$，pH 值范围为 5 ~ 8.5。地下水中通常存在较高的碳酸盐浓度，稳定的碳酸盐复合体占主导地位。在 30mmol/L 碳酸氢盐缓冲液和中性 pH 值下，$UO_2(CO_3)_2^{2-}$ 和 $UO_2(CO_3)_3^{4-}$ 为主要的 U(Ⅵ)形态。大多数 dmrB 仍能很容易地还原这些配合物；然而，*Desulfotomaculum reducens* 和 *Desulfosporosinus orientis* 不能还原 U(Ⅵ)的碳酸盐配合物[7]。这是由于复合物不易被还原酶或测试缓冲液的高离子强度对细胞的抑制所致。铀酰与有机配体的配合物的形成也使得 U(Ⅵ)对 *Shewanella algae* 和 *Desulfovibrio desulfuricans* 有不同的可接近性。这种差异反映了铀还原酶的位置和功能的不同，因为 S. algae 可以吸收 U(Ⅵ)进行生长，而 *D. desulfuricans* 不能吸收 U(Ⅵ)[4]。

最近人们认识到，当石灰石（$CaCO_3$）对溶解矿物有贡献时，环境水体中的 Ca^{2+} 浓度应纳入平衡形态的模拟。用 Ca^{2+} 对亚利桑那州图巴市地下水中的 U(Ⅵ)进行预测时，U(Ⅵ)基本上都在钙络合物中，$Ca_2UO_2(CO_3)_3$ 和 $CaUO_2(CO_3)_3^{2-}$ 占比分别为 99.3% 和 0.3%。在纯培养基中，增加 Ca^{2+} 浓度可显著减缓 dmrB、*S. putrefaciens* CN32、*Geobacter sulfurreducens* 和 *D. desulfuricans* 对 U(Ⅵ)的还原作用[8]。这些结果被解释为 Ca^{2+} 配合物是利用率较低的电子受体，因为它们的氧化还原电位较低。当计划应用天然或加速生物修复时，必须考虑环境水的常见钙和碳酸盐成分。

4.2.2 单电子或 Tw 酶促还原

将 U(Ⅵ)还原为 U(Ⅳ)需要两个电子；然而，对于任何 dmrB，微生物电子传递的机制尚未被明确阐明。Gorby 和 Lovley 指出，未带电的 UO_2 物种会从溶液中缓慢地沉淀为沥青铀矿。造成这种延迟的原因为，已发现铀纳米颗粒在细胞周质和细胞周围积聚，减少了 U(Ⅵ)[9]。

用 *G. sulfurreducens* 巧妙地探索了一个最初产生 U(Ⅴ)的单电子还原过程。在 U(Ⅵ)还原过程中，X 射线吸收光谱证实了这一单电子中间体的形成，并记录了随时间的增长 U(Ⅴ)完全转化为 U(Ⅳ)。为了产生 U(Ⅳ)，我们假设了两种不同的机制。不稳定的 U(Ⅴ)络合物导致 U(Ⅳ)和 U(Ⅵ)的形成不成比例，U(Ⅴ)物种也可能是进一步酶还原的底物。因此，U(Ⅵ)单电子还原为 U(Ⅴ)再歧化，是铀还原可能的机制[10]。

4.2.3 UO_2 沉淀的细胞定位

由于 U(Ⅳ)氧化物的不溶性，沉积部位应该给出还原酶的位置的指示。许多研究者用未染色的透射电子显微镜（TEM）图像检查了降低

U(Ⅵ)的 dmrB，证实了在细胞外和革兰氏阴性 dmrB 的细胞周质中积累的铀矿物。有趣的是，对于革兰氏阳性菌 *Desulfosporosinus*，在一个类似的位置发现了铀矿物，集中在细胞质膜和细胞壁之间的区域。这些结果表明铀还原酶存在于细胞质膜的周质外面或细胞周质中[11]。

还报道了一株 *Pseudomonad* 和 *D. desulfuricans* G20 细胞质中的铀沉淀。从以前用于木材防腐处理的地方分离出来的 *Pseudomonad*，在好氧或厌氧条件下从溶液中除去 U(Ⅵ)。TEM 薄切片观察发现，U(Ⅳ)不仅集中在细胞膜外，而且也集中在细胞膜内。由于铀没有生物功能，且具有毒性，因此观察到它在细胞质中的沉淀是出乎意料的。McLean 和 Beveridge 推测，*Pseudomonad* 中的聚磷酸盐颗粒可能通过与铀形成强络合物来保护细胞，从而将其隔离在细胞质中[12]。

从 *D. desulfuricans* G20 中观察到的沥青铀矿的内部沉积，沉积发生在限制重金属沉淀并最大化毒性的培养基细胞中。为防止形成强络合物，培养基中没有特别添加碳酸盐或磷酸盐。这样的处理也可以改变细菌的生理，刺激吸收系统，使有毒金属进入细胞质。用 *Desulfovibrio* 研究 U(Ⅳ)的细胞质沉积尚无报道，未来关于营养胁迫对 U(Ⅵ)还原作用的分析可能会是有趣的[12]。

除了这些罕见的胞质铀矿的报道外，不溶性 U(Ⅳ)在革兰氏阴性细胞和革兰氏阴性细胞外的周质中的局部沉淀表明，U(Ⅵ)复合物通常不能获得胞内酶。因此，还原酶的最佳候选物是暴露在细胞质膜外、周质内和（或）外膜内的电子载体的蛋白或酶。

4.2.4　普通脱硫弧菌还原酶（*Desulfovibrio vulgaris*）

用生化和遗传两种方法鉴定 dmrB 中的 U(Ⅵ)还原酶。为了进行酶法鉴定，研究人员制备了已知能减少这种锕系元素的细菌的粗提物，如 *G. metallireducens*、*S. putrefaciens* 和 *Desulfovibrio vulgaris Hildenborough*，并对其活性进行了测试。只有在 *D. vulgaris* 中，U(Ⅵ)还原酶的活性才能达到可溶性组分的 95%。进一步的分离表明，去除丰富的四位细胞色素 c_3 后，酶的活性降低。最后证明了细胞周质氢酶与细胞色素 c_3 的结合是氢还原 U(Ⅵ)的必要和充分条件。四氢血红素细胞色素 c_3 的参与，在整个细胞实验中被证实，表明细胞色素 c_3 在 U(VI) 还原过程中被氧化，而不是在以 H_2 作为供体的硫酸盐还原过程中被氧化。进一步证明细胞色素 c_3 对 *Desulfovibrio* 还原 U(VI) 具有重要的生物学意义。其成因是由于在一个相关菌株中构建了一个消除同源细胞色素的突变，从而破坏了这一过程[13]。以 H_2 为电子供体，*D. desulfuricans* G20 菌株对 U(VI) 还原的抑制率至少为 90%。然而，在有机酸提供还原剂的情况下，还原率仅下降了 50%~70%，这表明存在能够还原金属的额外蛋白质。这种替代还原酶仍有待鉴定。用 *D. desulfuricans* G20 纯化的 1 型细胞色素 c_3 进行的体外实验表明，还原蛋白可以很快地被 U(VI) 氧化，但 U(VI) 还原的体内速率要慢得多。这种不一致性可能表明细胞还原剂是限制性的，或者 U(VI) 对减少的细胞色素的可及性受到某种限制。

4.2.5 希瓦氏还原酶 (*S. putrefaciens*)

迄今为止，只有四个菌株被报道从 U(VI) 呼吸中获得足够的能量来支持生长：*S. putrefaciens*、*G. metallireducens*、*Desulfotomaculum reducens* 和 *Thermoterrabacterium ferrireducens*。对于那些能够通过金属氧化物还原生长的细菌来说，假定还原酶也可能是能减少 U(VI) 的细菌。早期对 *S. putrefaciens* 的研究表明，铁限制细胞利用 Fe(III) 作为终端电子受体。这些细胞也失去了橙色，减少负氧化光谱表明 c 型细胞色素含量显著降低。对这些观察结果的解释是，细胞色素参与了电子向末端电子受体的转移[14]。随后，*Shewanella* 的各种细胞色素定位于细胞质和细胞外膜，如图 4-2 所示。

对 *S. putrefaciens* 的突变性分析表明，由于缺乏这种还原酶，U(VI) 和 NO_2^- 同时丧失，亚硝酸盐还原酶参与了 U(VI) 还原。因为在相关物种中，这种酶是一种四位 c 型细胞色素（SO3980），它是一种很好的候选酶。*S. putrefaciens* 的转座子突变鉴定为一种十进位外膜 c 型细胞色素 MtrA，它是 Fe(III) 和 Mn(IV) 还原所必需的。额外的突变研究表明其他蛋白质和细胞色素参与了金属还原，并提出了电子转移模型（图 4-2）。这些电子载体对 U(VI) 还原的作用最近才被作为对 U(VI) 的整体转录反应分析的一部分进行评估[15]。

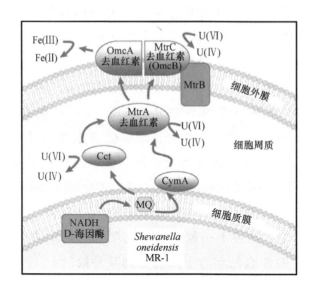

图 4-2   U(Ⅵ)还原电子传递途径的模型

MQ—甲基萘醌；CymA—四面体膜结合细胞色素；Cct—四面体周质细胞色素；

MtrA—癸烯周质细胞色素；MtrC（OmcB）—癸烯外膜细胞色素；

MtrB—外膜结构蛋白；OmcA—癸烯外膜细胞色素

对 *S. oneidensis* MR-1 的基因组测序显示，存在 42 种假定的 c 型细胞色素。对这些细胞色素基因在不同金属和非金属电子受体（而非铀或铬）上生长的全转录分析表明，只有一种细胞色素 SO3300 在金属还原过程中表达显著增加[16]。相比之下，当这些细胞在非生长条件下体积增大时，在 32 个基因中，有 12 个是细胞色素，而 SO3300 不在其中。通过对突变体的分析，发现了几种蛋白质，包括一种参与生物合成的蛋白质、一种外膜十进位细胞色素（MtrC，又称 OmcB）、一种外膜蛋白（MtrB）、一种周质十进位细胞色素（MtrA）、细胞色素（CymA）锚定在细胞质膜上，对 U(Ⅵ)的最佳还原是必需的。

同样重要的是观察到缺少一个或多个电子转移组分的突变体仍然能够以乳酸作为电子供体还原 U(Ⅵ)。因此，*Shewanella* 中存在多种电子传递途径。$UO_{2(s)}$ 沉积的比较 ΔomcA 或 ΔmtrC 缺乏外膜[10]C 血红素 c 型细胞色素的 mtrC 突变体主要在细胞周质中积累，而非在野生型细胞外的铀矿物中沉积[17]。这一结果与所分析的任何单一突变体都没有消除 U(Ⅵ)

还原的观察结果一致。并支持铀还原酶可能在细胞周质和细胞外膜中都存在非特异性、低电位电子供体的假设。改变 U（Ⅵ）还原的突变体是否也同样影响到其利用 U（Ⅵ）作为生长终端电子受体的能力，仍有待确定。

4.2.6　地杆菌还原酶（*Geobacter*）

值得注意的是，dmrB *G. sulfurreducens* 的基因组序列显示了 73 种多血红素 c 型细胞色素的推测 ORFs。这些蛋白质的一些基因已经突变，包括 ppcA，一种类似于 *Desulfovibrio* 的四位细胞色素 c3 的三血红素细胞色素；omcB，它编码一种 12 血红素外膜细胞色素；以及 macA，一种二血红素周质细胞色素。这些突变都对以乙酸为电子供体的 Fe（Ⅲ）还原率产生负面影响。然而，对 15 个以上的细胞色素突变体的分析表明，对 Fe（Ⅲ）和 U（Ⅵ）还原率的影响没有很好的相关性。同样，那些确实减少了 U（Ⅵ）减少的突变并没有消除这种能力[18]。

4.3　本章小结

本章从微生物异化还原 U（Ⅵ）的酶学研究、铀还原酶 2 个方面，概述了铀还原酶研究现状，总结如下：

（1）微生物对铀的异化还原与酶的产生以及氢和（或）有机化合物作为电子供体相关。

（2）有效的铀配合物是生物还原铀的酶促反应发生的前提。反应是由于单电子还是 Tw 酶促还原的作用，仍不明确。通过对还原后的细胞定位发现，细胞内的铀主要为 UO₂ 沉淀。目前，普通脱硫弧菌还原酶、希瓦氏还原酶被证明对铀还原具有很好的促进作用。

参　考　文　献

[1] Mohapatra B R, Dinardo O, Gould W D, et al. Biochemical and genomic facets on the dissimilatory reduction of radionuclides by microorganisms-a review [J]. Minerals Engineering, 2010, 23 (8): 591~599.

[2] Bencheikh - latmani R, Williams S M, Haucke L, et al. Global transcriptional profi-

ling of *Shewanella* oneidensis MR-1 during Cr (Ⅵ) and U (Ⅵ) reduction [J]. Appl. Environ. Microbiol. , 2005, 71 (11): 7453 ~7460.

[3] Lloyd J R, Chesnes J, Glasauer S, et al. Reduction of actinides and fission products by Fe (Ⅲ)-reducing bacteria [J]. Geomicrobiology Journal, 2002, 19 (1): 103 ~120.

[4] Payne R B, Gentry D M, Rapp-giles B J, et al. Uranium reduction by *Desulfovibrio* desulfuricans strain G20 and a cytochrome c_3 mutant [J]. Appl. Environ. Microbiol. , 2002, 68 (6): 3129 ~3132.

[5] Marteyn B, Sakr S, Farci S, et al. The *Synechocystis* PCC6803 MerA-like enzyme operates in the reduction of both mercury and uranium under the control of the glutaredoxin 1 enzyme [J]. Journal of bacteriology, 2013, 195 (18): 4138 ~4145.

[6] KatsoyiannisI A, Althoff H W, Bartel H, et al. The effect of groundwater composition on uranium (Ⅵ) sorption onto bacteriogenic iron oxides [J]. Water research, 2006, 40 (19): 3646 ~3652.

[7] Junier P, Vecchia E D, Bernier-latmani R. The response of *Desulfotomaculum* reducens MI-1 to U(Ⅵ) exposure: a transcriptomic study [J]. Geomicrobiology journal, 2011, 28 (5 ~6): 483 ~496.

[8] Burgos W D, Senko J M, Dempey B A, et al. Soil humic acid decreases biological uranium(Ⅵ) reduction by Shewanella putrefaciens CN32 [J]. Environmental engineering science, 2007, 24 (6): 755 ~761.

[9] Wall J D, Krumholz L R. Uranium reduction [J]. Annu. Rev. Microbiol. , 2006, 60: 149 ~166.

[10] Cologgi D L, Speers A M, Bullard B A, et al. Enhanced uranium immobilization and reduction by *Geobacter* sulfurreducens biofilms [J]. Appl. Environ. Microbiol. , 2014, 80 (21): 6638 ~6646.

[11] Suzuki Y, Kelly S D, Kemner K M, et al. Enzymatic U(Ⅵ) reduction by *Desulfosporosinus* species [J]. Radiochimica acta, 2004, 92 (1): 11 ~16.

[12] Sarma B, Acharya C, Joshi S R. Plant growth promoting and metal bioadsorption activity of metal tolerant *Pseudomonas* aeruginosa isolate characterized from uranium ore deposit [J]. Proceedings of the National Academy of Sciences, India Section B: Biological Sciences, 2014, 84 (1): 157 ~164.

[13] Boonchayaanant B, Kitanidis P K, Criddle C S. Growth and cometabolic reduction kinetics of a uranium-and sulfate-reducing *Desulfovibrio/Clostridia* mixed culture:

Temperature effects [J]. Biotechnology and bioengineering, 2008, 99 (5): 1107～1119.

[14] Stylo M, Neubert N, Roebbert Y, et al. Mechanism of uranium reduction and immobilization in *Desulfovibrio* vulgaris biofilms [J]. Environmental science & technology, 2015, 49 (17): 10553～10561.

[15] Huang W, Nie X, Dong F, et al. Kinetics and pH-dependent uranium bioprecipitation by *Shewanella* putrefaciens under aerobic conditions [J]. Journal of Radioanalytical and Nuclear Chemistry, 2017, 312 (3): 531～541.

[16] Pirbadian S, Barchinger S E, Leung K M, et al. Shewanella oneidensis MR-1 nanowires are outer membrane and periplasmic extensions of the extracellular electron transport components [J]. Proceedings of the National Academy of Sciences, 2014, 111 (35): 12883～12888.

[17] Meitl L A, Eggleston C M, Colberg P J, et al. Electrochemical interaction of *Shewanella* oneidensis MR-1 and its outer membrane cytochromes OmcA and MtrC with hematite electrodes [J]. Geochimica et Cosmochimica Acta, 2009, 73 (18): 5292～5307.

[18] Cologgi D L, Speers A M, Bullard B A, et al. Enhanced uranium immobilization and reduction by Geobacter sulfurreducens biofilms [J]. Appl. Environ. Microbiol., 2014, 80 (21): 6638～6646.

5 铀还原基因组学

目前还没有关于异化金属还原微生物还原放射性核素的基因组方面的全面研究。大多数研究主要是以 *Geobacter*、*Shewanella* 和 *Desulfovibrio* 属为研究对象，以 U(Ⅵ)和 Tc(Ⅶ)为放射性核素开展研究。

5.1 地杆菌属 (*Geobacter*)

全基因组的 *G. sulfurreducens*，蛋白细菌是 3.81mb 和 3466 个预测蛋白编码基因。*G. sulfurreducens* 基因组包含 73 个预测的多血红素 c 型细胞色素的开放阅读框 (ORFs)。表明一个多功能的电子转运体系统，对广泛的电子受体具有亲和力。已经对许多基因进行了突变研究，如 ppcA、omcB、omcC、omcE、omcF 和 macA，以评估它们在放射性核素减少中的作用。ppcA 基因编码一种 9.6kDa 的细胞周质三血红素 c 型细胞色素。用一步复合法制备的 ppcA 基因突变体不能降低醋酸依赖性 U(Ⅵ)的还原，表明 ppcA 在醋酸偶联还原 U(Ⅵ)和电子在内外膜间传递中起着重要的控制作用。此外，ppcA 基因和以氢为电子供体的 wilds 序列对 U(Ⅵ)的还原速率相似，表明细胞质氢酶和（或）其他基因参与了 U(Ⅵ)的还原。omc 基因由 omcB、omcC、omcE 和 omcF 组成，编码外膜细胞色素。omcB 和 omcC 分别编码分子量约为 85.5kDa 和 88.9kDa 的 c 型多血红素细胞色素。omcE 基因编码分子量约 30kDa 的四位 c 型细胞色素。omcF 基因编码是一种分子量约 9.4kDa 的 c 型单血红素外膜细胞色素[1]。omcB、omcC （与 OmcB 同源），omcF 与细胞表面外膜紧密结合。相反，omcE 松散地绑定到细胞表面。4 个 omc 基因敲除突变体的研究表明，omcB 和 omcF 是减少 Fe(Ⅲ)氢氧化物的不溶性和可溶性态所必需的，omcE 对于不溶性 Fe(Ⅲ)的形成是必不可少的。在 U(Ⅵ)还原过程中，omcB 和 omcF 的敲除对还原速率没有影响。但缺失 omcE 基因的突变体使还原率降低了 45%。macA 基因编码一种分子量约 36.2kDa 的细胞周质二血红素 c 型细胞色素。在柠檬酸铁存在下，该基因表达上调。从 *G. sulfurreducens* 中敲除 macA 基因可使 U（Ⅵ）的还原率降低 98%。该基因被认为参与了电子从内膜到细胞周质的穿梭过程，该基因的缺失对细胞周质和细胞表面的电子穿梭过程都有重要影响[2]。

5.2　希瓦氏菌属（*Shewanella*）

S. oneidensis 是一种革兰氏阴性、非发酵和兼性的 γ 蛋白细菌。其由一条 4.97mb 染色体和一个 162kb 质粒组成，共有 4931 个预测蛋白编码基因。*S. oneidensis* 基因组已经预测编码 42 种 c 型细胞色素，这意味着一个高度分支的电子传递系统，用于与 *G. sulfurreducens* 类似的多种电子受体。利用包含约 5000 个假定 ORFs 的 DNA 微阵列，对单侧链球菌在 Cr（Ⅵ）和 U（Ⅵ）减少过程中的全球转录谱进行了评估[3]。在 0.1mmol/L U（Ⅵ）和 Cr（Ⅲ）培养条件下，未生长条件下的细胞分别上调了 121 个和 83 个基因（P3 倍）。这两种金属都有 32 个基因上调，其中 12 个基因编码细胞色素。对不同突变体的基因分析表明，menC、cymA、mtrA、mtrB 和 mtrC 基因以及其他未知蛋白是 U（Ⅵ）还原的必需基因。menC 参与甲萘醌的生物合成，编码分子量约 35kDa 的邻苯甲酰苯甲酸合成酶。cymA 基因由 561bp 的核苷酸序列组成，编码 187 个氨基酸的三甲氧基-c 型细胞色素，预测分子质量为 21kDa。cymA 基因主要存在于细胞质膜中，可溶性组分含量较少。基因编码是一个十进制 c 型细胞色素，其分子量为 75kDa。mtrC 主要存在于 *S. oneidensis* 的外膜部分（*S. putrefaciens* MR-1）。mtrC 与 omcB（外膜 c 型细胞色素）具有相同的氨基酸序列。mtrB 基因还编码 679 个氨基酸的外膜蛋白，分子量约 75.5kDa。mtrB 还含有 Fe（Ⅲ）和 Mn（Ⅳ）还原所需的金属结合位点（氨基酸组成：CXXC，其中 C 是半胱氨酸；X 是任何氨基酸）。mtrA 是一种由 333 个氨基酸组成的细胞质十碳血红素 c 型细胞色素，似乎是电子传递系统的一部分。这些基因的生理作用尚未确定。然而，据预测，

menC、cymA 和 mtrCAB 以及其他从 mtrC 向 mtrA 传递电子的未知蛋白参与了 U(Ⅵ)的还原。此外，也有报道称 cymA 不参与 Cr(Ⅵ)的还原[3]。mtrC 和 omcA（由 2202 bp 核苷酸序列组成，编码 734 个氨基酸的十进位 c 型外膜细胞色素，预测分子蛋白质量为 78.6kDa）基因也参与了 Tc(Ⅶ)的乳酸驱动的还原。当氢作为唯一的电子供体时，另外两个基因 HydA 和 HyaB 分别编码铁氢化酶和 NiFe 氢化酶，参与了 Tc(Ⅶ)的还原。这两个基因不需要乳酸驱动的 Tc(Ⅶ)降低[4]。

5.3　脱硫弧菌属（*Desulfovibrio*）

Desulfovibrio 属（*D. desoffuricans* 和 *Desofforiovulgaris*）在以乳酸或氢为电子供体的条件下酶法还原 U(Ⅵ)。以 U(Ⅵ)为电子受体，*Desulfovibrio* 不生长。然而，它在溶液中从 U(Ⅵ)沉淀为 U(Ⅳ)。硫酸盐的存在对 U(Ⅵ)还原没有任何影响。用铀还原酶还原 U(Ⅵ)比用硫化物间接还原快得多。细胞色素 c_3 可作为铀还原酶参与电子向 U(Ⅵ)的穿梭。引起 *D. drusfuricans* 还原 U(Ⅵ)的基因已被鉴定为 cycA。cycA 基因由 461bp 核苷酸序列组成。其基因编码由 130 个氨基酸的四位细胞色素 c_3 蛋白组成，分子量约为 13kDa。cycA 基因突变分析表明，缺乏 cycA 基因的 *D. desulfuricans* 突变体在氢作为电子供体时不能降低 U(Ⅵ)。然而，在以乳酸为唯一碳源和以硫酸盐为末端电子受体的条件下，突变体可以降低 U(Ⅵ)。这些结果表明，除 cycA 基因外，其他基因也参与了 U(Ⅵ)的还原。最近，Li 和 Krumholz 发现了一个金属还原（mre）操纵子，它由 8 个基因（mreA、mreB、mreC、mreD、mreE、mreF、mreG 和 mreH）和 9 个基因（mreI 以及其他 8 个基因）组成在 *D. vulgaris* 中[5]。所有这些基因在 U(Ⅵ)存在下，*D. desulfuricans* 增加 10～80 倍。根据美国国立生物技术信息中心（NCBI）的注释，mreA 基因编码一个 Na^+/H^+ 逆向转运子，参与 pH 值稳态和钠挤压；mreB 编码一种芳基硫酸盐酶，对糖硫酸盐进行催化（硫酸脑苷脂）键与硫酸盐释放；mreC 循环编码环腺苷酸受体蛋白（CRP），该蛋白被认为是在 DNA 中结合 CRP 位点的转录因子，mreC 还负责下游基因的上/下调节；mreD 通过编码硫氧还蛋白作

为细胞质电子供体；mre 编码硫氧还蛋白还原酶；mreF 编码假想的蛋白质；mreG 编码丙酮酸铁氧还蛋白/黄素氧还蛋白氧化还原酶蛋白家族；mreH 标记为酰基辅酶 A 合成酶。mre 操纵子在 U（Ⅵ）减少中的确切生理作用尚未被评估。据推测，三个基因 mreD、mreE 和 mreG 编码硫氧还蛋白、硫氧还蛋白还原酶和一个额外的 *D. desulfuricans* G20 金属氧化还原酶未知的底物特异性参与了 U（Ⅵ）的还原。在 *Desulfovibrio* 中，mreC 对这些基因的上调起着重要作用。

5.4 本章小结

本章从地杆菌属、希瓦氏菌属、脱硫弧菌属 3 个方面，概述了铀还原基因组学研究现状，总结如下：

（1）地杆菌属中 ppcA、omcB、omcC、omcE、omcF 和 macA 等基因对 U（Ⅵ）还原有较好的促进作用；

（2）希瓦氏菌属中 menC、cymA、mtrA、mtrB 和 mtrC 基因有利于促进 U（Ⅵ）的还原；

（3）脱硫弧菌属中 mreA、mreB、mreC、mreD、mreE、mreF、mreG、mreH 和 mreI 基因可以影响 U（Ⅵ）的还原。

参 考 文 献

[1] Kim B，Leang C，Ding Y R，et al. OmcF, a putative c-type monoheme outer membrane cytochrome required for the expression of other outer membrane cytochromes in *Geobacter* sulfurreducens［J］. Journal of bacteriology，2005，187（13）：4505 ~ 4513.

[2] Shelobolina E S，Coppi M V，Korenevsky A A，et al. Importance of c-type cytochromes for U（Ⅵ）reduction by *Geobacter* sulfurreducens［J］. BMC microbiology，2007，7（1）：16.

[3] Bencheikh-latmani R，Williams S M，Haucke L，et al. Global transcriptional profiling of *Shewanella* oneidensis MR-1 during Cr（Ⅵ）and U（Ⅵ）reduction［J］. Appl. Environ. Microbiol. ，2005，71（11）：7453 ~ 7460.

[4] Marshall M J，Plymale A E，Kennedy D W，et al. Hydrogenase-and outer membrane

c-type cytochrome-facilitated reduction of technetium（Ⅶ）by *Shewanella* oneidensis MR-1 ［J］. Environmental microbiology, 2008, 10（1）: 125 ~ 136.

［5］ Li X, Krumholz L R. Thioredoxin is involved in U（Ⅵ）and Cr（Ⅵ）reduction in *Desulfovibrio* desulfuricans G20 ［J］. Journal of bacteriology, 2009, 191（15）: 4924 ~ 4933.

6　铀还原动力学

6.1　生物还原的矿物学终点

早期的铀生物还原实验，通过透射电子显微镜（TEM）和 X 射线衍射（XRD）进行表征。表征结果表明，生物还原 U(Ⅵ)后形成了黑色矿物沉淀——沥青铀矿 $UO_{2(c)}$。利用高分辨透射电镜和 X 射线吸收光谱（XAS）对纳米尺寸的铀矿颗粒进行鉴定。最近，使用 XAS 确定了另一种形态的 U(Ⅳ)。这种与羧基或磷酸配体配位的无序非晶态 U(Ⅳ)相，被称为单体 U(Ⅳ)。U(Ⅵ)还原为沥青铀矿还是单体 U(Ⅳ)，是 U(Ⅵ)长期修复的关键；两者都易被再氧化，但由于其晶体结构的差异，已证明相比之下沥青铀矿不易再氧化。然而，最近的研究比较生物还原 U(Ⅳ)的沥青铀矿和单体 U(Ⅳ)的敏感性，发现在受控实验条件下它们的氧化速率差别不大。其他 U(Ⅳ)矿物包括水硅铀矿 [$USiO_4 \cdot nH_2O$] 和水磷铀钙矿 [$CaU(PO_4)_2 \cdot 2H_2O$]；这些矿物比沥青铀矿更不易再活化，但水硅铀矿从未被确定为铀生物还原的最终产物，尽管水磷铀钙矿偶尔也会生成。

这项工作的回顾表明，在简单的培养基中进行的细菌纯培养实验中产生了铀矿物，并在细胞周质、细胞表面或细胞外形成沉淀。单体 U(Ⅳ)往往是在实验室中添加磷酸盐或在某些条件下（包括天然沉积物），通过培养基中细菌纯培养物产生的。已观察到铀矿物老化为更多的晶体形式，如从单体 U(Ⅳ) 到沥青铀矿。然而，一项使用 *Thermoanaerobacter* 生物还原 U(Ⅵ)和铁氧化合物的混合物的长期研究发现，经过 3 个月的培养后，铀纳米晶体的存在持续了 3～4 年，表明无铀纳米晶体老化和结晶度增加。

在相同条件下（不含磷酸盐），革兰氏阴性杆菌和革兰氏阳性脱硫杆菌产生不同的 U（Ⅳ）最终产物。碳酸铀酰配合物还原为 U（Ⅳ）与碳酸盐的配合物，中性或带正电荷的铀酰配合物还原为游离 U（Ⅳ）可形成沥青铀矿。有人提出革兰氏阴性菌的外膜还原酶可以直接将电子转移到吸附的正铀酰或中性铀酰配合物上，但由于革兰氏阳性菌很可能缺乏这些酶，因此它们可能依赖可溶性介质来还原带负电荷的碳酸铀酰水溶液配合物。然而，与这一理论相反，用革兰氏阳性的 *Thermincola potens* JR 菌株被观察到细胞壁细胞色素参与 Fe（Ⅲ）的还原。此外，革兰氏阳性 *C. ferrireducens* 与铁氢化物之间需要直接接触才能还原 Fe（Ⅲ）；没有观察到电子交换螯合剂的证据，细胞色素抑制剂的研究表明细胞色素-bc1-络合物是铁氢化物还原的关键。

6.2 铀还原的动力学

铀的生物还原速率和反应动力学已被广泛研究（表6-1）。大多数研究都是在含有悬浮细胞的微观结构中进行的。然而，由于实验条件的巨大变化，不同微生物物种之间还原动力学的研究比较是困难的。在许多研究中，微生物 U（Ⅵ）还原速率已被证明遵循准一级动力学，而一些 U（Ⅵ）生物还原数据也被证明符合零级和准二级动力学以及具有非耦合抑制项的单体模型（例如，一个修正的非增长 Monod 模型）[1]。

表6-1   目前报道的或计算出的铀还原率

微生物培养	初始细胞浓度	初始铀浓度 /mmol·L^{-1}	电子供体	NaHCO$_3$ 浓度	pH 值	温度 /℃	铀还原率 /μmol· (L·天)$^{-1}$	参考文献
Geobacter metallireducens	3×10^7 细胞数/mL	12	醋酸盐	30	n. a.	30	9600	[2]
Enterobacter sp.	9.3 g/L	0.13	葡萄糖	n. a.	n. a.	30	907	[3]
Enterobacter sp.	9.3 g/L	0.42	葡萄糖	n. a.	n. a.	30	3730	[3]
Enterobacter sp.	9.3 g/L	1.68	葡萄糖	n. a.	n. a.	30	6650	[3]
Pantoea sp.	9.3 g/L	0.13	葡萄糖	n. a.	n. a.	30	1610	[3]

微生物培养	初始细胞浓度	初始铀浓度/mmol·L^{-1}	电子供体	NaHCO$_3$浓度	pH值	温度/℃	铀还原率/μmol·(L·天)$^{-1}$	参考文献
Pantoea sp.	9.3 g/L	0.42	葡萄糖	n.a.	n.a.	30	5040	
Pantoea sp.	9.3 g/L	1.68	葡萄糖	n.a.	n.a.	30	9580	
Pseudomonas(P.)stutzeri	9.3 g/L	0.13	葡萄糖	n.a.	n.a.	30	1710	[3]
P. stutzeri	9.3 g/L	0.42	葡萄糖	n.a.	n.a.	30	5040	
P. stutzeri	9.3 g/L	1.68	葡萄糖	n.a.	n.a.	30	8070	
Shewanella (S.) oneidensis	3×10^{7}细胞数/mL	0.5	乳酸盐	30	7.0	25	1340	[4]
S. putrefaciens	2.3×10^{7}细胞数/mL	1.4	乳酸盐	30	6.8	23	55	
S. putrefaciens	9.1×10^{7}细胞数/mL	1.4	乳酸盐	30	6.8	23	182	[5]
S. putrefaciens	2.2×10^{7}细胞数/mL	1.4	乳酸盐	30	6.8	23	602	
厌氧颗粒污泥	0.67g/L	0.4	污泥	59	7.0	30	16.9	
厌氧颗粒污泥	0.67g/L	0.4	污泥+醋酸盐	59	7.0	30	18.5	
厌氧颗粒污泥	0.67g/L	0.4	污泥+乙醇	59	7.0	30	26.6	[6]
厌氧颗粒污泥	0.67g/L	0.4	污泥+H$_2$	59	7.0	30	45.9	
原生地下细菌	n.a.	<0.014	葡萄糖	n.a.	7.0	n.a.	0.55	
原生地下细菌	n.a.	<0.014	乙醇	n.a.	7.0	n.a.	0.80	[7]
原生地下细菌	n.a.	<0.014	甲醇	n.a.	7.0	n.a.	0.95	

注：n.a.—文中未报道该数据。

许多培养参数，如初始铀浓度、其他金属浓度、pH值、温度、碳酸氢盐浓度、电子供体类型和细胞浓度等，都会对还原动力学产生重大影响。因为这些因素会影响水环境中铀的形态。UO$_2$-H$_2$O-CO$_2$、UO$_2$-H$_2$O-

腐殖酸、UO_2-H_2O-SO_4 和 UO_2-H_2O 体系中铀的地球化学形态模拟如图 6-1 所示。例如，在 pH 值低于 3 的所有体系中，水溶液中的 U(Ⅵ) 主要以铀酰氧阳离子 [UO_2^{2+}] 的形式存在。在没有碳酸盐的情况下，随着 pH 值从 3 增加到 6，单核 [UO_2OH^+，$UO_2(OH)_2$] 和氢氧铀酰配合物 [$(UO_2)_3(OH)_2^+$，$(UO_2)_4(OH)_7^+$] 控制着物种形成。当 pH 值从 6 增加到 8 时，优势铀物种的电荷逐渐从正电荷向中性电荷转变为负电荷，而 pH 值在 8 以上的负电荷铀物种则以一系列复杂的碱土多核离子为主。重要的是，当考虑用废弃材料作为碳源的自然系统或生物反应器时，有机（腐殖酸盐）络合物可能会对 UO_2^{2+} 的形态形成产生影响，特别是在 pH = 4～6。在 *Shewanella* 属的分批培养中，铀的形态对 U(Ⅵ) 还原动力学有一定的影响[8]。因此，在考虑用于 U(Ⅵ) 还原的生物修复系统的设计和运行时，了解铀的形态是至关重要的。有人认为，热力学和不同铀种的还原电位，是导致不同铀种还原速率不同的原因。然而，最近的研究表明，铀配合物的生物利用度和 U(Ⅵ) 在细菌细胞表面的吸附浓度是调节 *Shewanella* 还原 U(Ⅵ) 速率的主要因素。由于 U(Ⅳ) 还原机理在不同的 U(Ⅵ) 还原生物和包括生物膜形成在内的系统中可能不同，因此有必要进一步研究铀形态对铀还原动力学的影响。此外，许多参数，如 pH 值、温度和其他金属离子的高浓度，都会直接影响 U(Ⅵ) 还原微生物的生长和活性[9]。

6.2.1　细胞浓度、温度和 pH 值对 U(Ⅵ) 生物还原的影响

许多研究表明，分批瓶培养中的初始生物量浓度可以提高 U(Ⅵ) 的减少率。例如，在 Chabalala 和 Chirwa 的研究中，初始平均生物量浓度高达 9.3g/L，这在一定程度上解释了观察到的高还原率[3]。然而，在实际的生物修复应用中，过高的生物量浓度也可能是有害的，因为高生物量浓度需要大量的养分输入才能维持。此外，过量的生物量可能会导致堵塞，特别是在原位或柱处理期间。

如上所述，pH 值和温度的变化也会深刻影响铀的形态，这会对铀的还原动力学产生重大影响。虽然温度升高通常会增加化学反应的速率，但许多生物体只有一个特定的温度和 pH 值范围，在这个范围内它们的

活性是最佳的。极端的温度和 pH 值对代谢活动是有害的。例如，Abdel-
ouas 等人和 Boonchayanant 等人报告的 U(Ⅵ)降温速率分别从 16℃升高
到 24℃和从 20℃升高到 30℃，而在 10℃时，在含有 *Desulfovibrio* 和
Clostridia 类生物的混合培养基中，U(Ⅵ)没有显著降低[10]。大多数
U(Ⅵ)还原研究已经在接近中性 pH 值下进行，但是一些生物体如
D. desulfuricans、*Desulfosporosinus* sp. 、*Clostridium* sp. 和 *Acidimicrobiaceae
bacterium* A6 及某些混合培养物已被证明在 pH 值为 4 时可降低 U(Ⅵ)。
在 pH 值为 10.0~10.5 时，也观察到部分 U(Ⅵ)还原，微生物群落起
源于碱性沉积物。Yi 等人表明，当 pH 值从 2.0 提高到 6.0 时，硫酸盐
还原混合培养物的 U(Ⅵ)还原率和去除率（从 12.9% 提高到 99.4%）
显著增加，尽管耐酸性 *Desulfosporosinus* sp. 能在 pH 值为 4.4 时比在 pH
值为 7.1 时更快地降低 U(Ⅵ)。重要的是，保持 pH 值略低于中性值
（5.7~6.2）可能会减少竞争微生物的生长。例如产甲烷菌，它们利用
有机电子供体进行生长，但没有显示出降低 U(Ⅵ)[9]。

6.2.2 电子供体

铀还原微生物可以利用各种电子供体进行代谢活动。据报道，氢是
一种有效的选择，也有人建议使用平衡电极作为电子源。但有机电子供
体的使用，特别是乙酸、乳酸和乙醇，由于其更容易应用于原位生物修
复，已得到了广泛的研究。此外，许多其他低分子量、易吸收的有机化
合物，包括葡萄糖、甲醇、甘油、甲酸盐和苯甲酸盐，已被证明可刺激
微生物 U(Ⅵ)还原[7]。

乙酸盐在现场研究中被广泛用于促进原位 U(Ⅵ)的生物还原，但基
于对不同电子供体的研究，简单醇特别是乙醇和甲醇，构成了增强
U(Ⅵ)还原的合适原料。电子供体使 U(Ⅵ)还原率和效率提高，需要与
一系列因素相匹配，包括普遍存在的微生物群落、地下水和土壤成分以
及地球化学条件等。例如，在包含来自美国 DOE 西普罗克场地（新墨
西哥）的沉积物和地下水的微模型实验中，乙酸和葡萄糖比甲酸、乳酸
或苯甲酸更有效地用于 U(Ⅵ)的生物还原。另外，利用模拟地下水对美
国 DOE 橡树岭场地（田纳西州）沉积物进行的柱内研究表明，乙酸盐

和乳酸盐的还原速率和效率相似。在对美国 DOE 橡树岭场地的其他研究中，乙醇被报道能比乙酸盐或乳酸更快地还原 U(Ⅵ)，并在比乙酸盐更宽的 pH 值范围内刺激高的 U(Ⅵ) 去除效率[11]。Tapia Rodriguez 等人研究还发现，以厌氧颗粒污泥为接种体时，乙醇对 U(Ⅵ) 的还原率的促进作用大于乙酸；同时也表明厌氧颗粒污泥中的有机物可以在不添加任何外部电子供体的情况下支持 U(Ⅵ) 的还原。在 Madden 等人的研究中利用橡树岭场地的沉积物和地下水，乙醇和甲醇的还原率略高于葡萄糖。尽管甲醇的使用导致 U(Ⅵ) 还原前的延迟时间增加，但其导致 U(Ⅵ) 还原效率高于乙醇或葡萄糖[11]。

然而，使用简单底物用于原位污染铀污染位点的生物修复可以导致微生物近距离给电子注入点 S 的微生物 U(Ⅵ) 还原。该过程甚至会导致局部堵塞，并且由于小范围的过量微生物生长而导致 U(Ⅵ) 还原效率的损失。更复杂的缓释电子供体，如油酸盐、乳化植物油和商用氢释放化合物（HRC™，聚乳酸酯，其水解导致氢和乳酸的释放）被认为是原位处理的替代物，因为它们可以在更大的范围内保持持续的还原状态。在生物反应器系统中，H_2 加少量的醋酸盐被证明能使 U(Ⅵ) 的还原率很高。生物柴油生产过程中产生的废甘油、木质纤维素植物材料的水解产物和青贮草，已被证明对硫酸盐还原有效，也可以作为未来测试 U(Ⅵ) 生物还原的低成本替代品[12]。

6.2.3 碳酸氢盐

在大多数受铀污染的水和废水中，从中性到高 pH 值的环境中与大气平衡的可溶性铀主要是 U(Ⅵ)-碳酸盐配合物。此外，碳酸氢盐经常被用于 U(Ⅵ) 的生物还原研究。作为缓冲液，以保持 pH 值在所需水平，并防止铀吸附到表面上。地下水中碳酸氢盐的存在也可能有助于从受污染的地下沉积物中以复杂离子的形式解吸和迁移铀。因此，有人认为，用碳酸氢盐解吸（土壤洗涤）铀可以与微生物还原 U(Ⅵ) 相结合，以加强生物修复。U(Ⅵ) 还原菌已经显示出即使在含有 100mmol/L 碳酸氢盐的溶液中也能将 U(Ⅵ) 还原为 U(Ⅳ)，尽管与 30mmol/L 碳酸氢盐相比，*D. desulfuricans* 在 100mmol/L 处的 U(Ⅵ) 还原率降低。用 U(Ⅵ) 还原的 S. oneidensis、S. putrefaciens 和乙酸铀酯纯培养物作为铀源的批量实验表明, 在碳酸氢盐浓度升高的情况下, U(Ⅵ)还原作用显著降低。例如, Belli 等人报道了在 pH 值为 7.5 时, 22mmol/L 溶解无机碳 (DIC) 的 U(Ⅵ)还原速率高于 13mmol/L 和 35mmol/L 溶解无机碳 (DIC), 而 pH 值为 8.1 时 U(Ⅵ)的生物还原速率与 DIC 浓度呈负相关[8]。Ulrich 等人和 Belli 等人对于铀酰非碳酸盐物种 (包括游离铀酰离子和氢氧铀酰络合物) 的生物还原速率常数明显高于对于碳酸铀酰。类似地, Zhou 等人的研究表明将碳酸氢盐浓度从 30mmol/L 降低到 15mmol/L, 可提高其以 Clostridiaceae 为主的膜生物反应器处理含 U(Ⅵ)和硫酸盐的模拟废水的 U(Ⅵ)去除效率。碳酸氢盐对 U(Ⅵ)还原动力学的负面影响被认为是由于形成了稳定且生物利用性差的碳酸铀酰配合物, 特别是在中性和碱性 pH 值条件下。然而, 最近的现场试验却提供了相互矛盾的结果。例如, Long 等人报告了碳酸氢盐 (目标含水层浓度为 30mmol/L) 与乙酸盐共同注入的试验井比仅注入乙酸盐的井的 U(Ⅵ)还原率更高 (观测速率、与可溶性铀浓度相关的归一化速率和与生物量浓度相关的归一化速率)。因此, 碳酸氢盐的作用显然取决于环境条件或活性微生物种类, 需要进一步的研究来阐明其影响因素[13]。

6.2.4 电子受体的竞争

硝酸盐、锰、Fe(Ⅲ)和硫酸盐是铀污染环境的典型组分, 是厌氧生物生长的适宜电子受体, 如图 6-1 所示。因此, 它们的存在可能会影响延迟或在极端条件下, 可能导致 U(Ⅵ)还原停止。硝酸盐和硫酸盐通常存在于人类铀污染的水中, 其浓度分别高达 168 ~ 645mmol/L (10 ~ 40g/L) 和 28mmol/L (2.7g/L)[14]。在 pH 值为 5 ~ 8 的范围内, 不存在腐殖酸、柠檬酸或 EDTA 等螯合剂, 水铁矿的最大溶解度约为 0.01mg/L, 这是由于针铁矿和水铁矿的矿物的形成。因此, 在 pH 值为中性的生物反应器系统中, 一般不需要考虑可溶性 Fe(Ⅲ)。在 pH 值为 5 以上, 锰的溶解度一般比铁高。但在碳酸氢盐存在下, 它可能以碳酸盐的形式沉淀, 或以其他方式与含铁矿物共沉淀。例如, 从受铀污染的酸性 (pH = 4.0) 矿井排水中测量了 2.7mmol/L (150mg/L) 锰。铁和锰矿物经常大量存在于原位还原 U（Ⅵ）的含水层沉积物中[15]。因此可以通过共沉淀和吸附机制影响修复过程，也可以影响下面讨论的氧化还原循环的一部分。

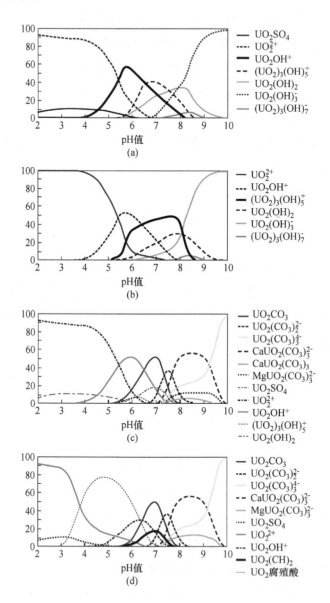

图 6-1　溶液中的铀酰形态[16]

（a）UO_2-H_2O-SO_4；（b）UO_2-H_2O；（c）UO_2-H_2O-CO_2；（d）UO_2-H_2O-腐殖酸

（[U] = 10^{-6} mol/L, 0.035 千分之一海水,25℃）

根据它们的理论还原电位，硝酸盐（NO_3^-）、铁（$Fe(\mathrm{III})$）和锰（$Mn(\mathrm{IV})$）在 $U(\mathrm{VI})$ 还原开始之前可能被微生物利用。然而，重要的是，$U(\mathrm{VI})$、$Mn(\mathrm{IV})$、NO_3^- 和 $Fe(\mathrm{III})$ 的还原电位也可能随地下或生物反应器中物理化学条件的变化而变化。溶液 pH 值对微生物利用/还原替代电子受体的倾向性和潜在顺序特别有影响[16]：

$$UO_2^{2+} \longrightarrow U^{4+}：酸溶液\ E^0 = +0.27V，碱溶液\ E^0 = -0.3V \qquad (6\text{-}1)$$

$$Fe^{3+} \longrightarrow Fe^{2+}：酸溶液\ E^0 = +0.77V，碱溶液\ E^0 = -0.86V \qquad (6\text{-}2)$$

$$MnO_2 \longrightarrow Mn^{2+}：酸溶液\ E^0 = +1.23V，碱溶液\ E^0 = -0.05V \qquad (6\text{-}3)$$

$$NO_3^- \longrightarrow N_2：酸溶液\ E^0 = +1.25V，碱溶液\ E^0 = -0.25V \qquad (6\text{-}4)$$

因此，根据物理化学条件，元素或物种的利用顺序可能会发生改变，从而深刻影响 $U(\mathrm{VI})$ 的生物还原和去除性能。

许多研究表明，硝酸盐的存在会阻止 $U(\mathrm{VI})$ 的还原。只有当硝酸盐完全或至少几乎完全消耗或去除时，$U(\mathrm{VI})$ 还原才能进行[17]。硝酸盐在 50mg/L（0.8mmol/L）浓度下抑制了 *D. desulfuricans* 固定化细胞还原 $U(\mathrm{VI})$。为了提高 $U(\mathrm{VI})$ 还原率，Gu 等人提出了用酸性 NaCl + KCl 溶液进行初始冲洗中和溶液（分别去除硝酸盐和将 pH 值恢复到有利于铀生物还原的范围）。Wu 等人提出用反硝化流化床反应器处理污染水，在原位 $U(\mathrm{VI})$ 还原前去除硝酸盐[18]。尽管如上所述单独去除硝酸盐的步骤可能有助于提高后续 $U(\mathrm{VI})$ 生物还原的效率，但根据实验室规模的实验所采用的多个处理步骤会导致还原效率低下、后勤补给障碍，以及如果转移到全面的含水层修复过程中，成本会大幅度增加。此外，似乎并不是所有还原铀的生物体都对硝酸盐敏感或更喜欢以硝酸盐作为电子受体。例如，*Clostridia* 对 $U(\mathrm{VI})$ 的还原不受硝酸根离子的影响。Madden 等人的研究还表明，低于中性的 pH 值（5.7~6.2）下使用甲醇和甘油作为电子供体，可以从受铀污染的沉积物中富集不同硝酸盐的微生物群落，以利于发酵微生物的生长。除微生物群落组成不同外，这些实验中硝酸盐利用率的差异可能是由物理化学条件的变化引起的。如上文所述，这些变化对 $U(\mathrm{VI})$ 和硝酸盐的还原电位有显著影响。

锰对 $U(\mathrm{VI})$ 还原的影响尚未得到广泛的研究。Fredrickson 等人报道，$Mn(\mathrm{IV})$ 和 $Mn(\mathrm{III})$ 氧化物降低了 $U(\mathrm{VI})$ 的还原速率，但在 21 天孵育期

间没有降低 U(Ⅵ)的总效率。非晶态 Fe(Ⅲ)氢氧化物和氧化物也证实了在某些地球化学条件下可延缓 U(Ⅵ)生物还原反应。Wielinga 等人报道了 U(Ⅵ)还原效率与铁氢化物的数量成反比。而 Stewart 等人则认为U(Ⅵ)还原效率与铁氢化物的数量成反比，表明铁氢化物对 U(Ⅵ)还原速率或程度没有影响。更多的结晶 Fe(Ⅲ)氧化物（如针铁矿和赤铁矿），没有被报道对 U(Ⅵ)的还原有显著影响，这可能与铁的低生物利用率有关[19]。

理论上，U(Ⅵ)还原比硫酸盐还原更有利于微生物获取能量，而由于其较高的溶解度，微生物还原 U(Ⅵ)应优先于还原 Fe(Ⅲ)。然而，沉积物中 Fe(Ⅲ)的浓度通常以比 U(Ⅵ)高得多，特别是在低 pH 值条件下，这使得还原顺序具有不确定性。实验证据表明，U(Ⅵ)还原通常与Fe(Ⅲ)还原同时发生，而有时 U(Ⅵ)在硫酸盐还原开始之前被还原。更多情况下，硫酸盐还原可能与 U(Ⅵ)还原同时发生。电子供体充足时，生物可利用的 Fe(Ⅲ)仍然存在时，硫酸盐还原可以开始，从而使Fe(Ⅲ)、硫酸盐和 U(Ⅵ)同时还原。然而，在 Anderson 等人的现场研究中表明，主要微生物从铁还原转变为硫酸盐还原过程导致地下水中铀浓度增加[20]。其中一个原因可能是所选的电子供体醋酸盐，它不能被所有硫酸盐还原生物氧化。或者，在有机电子供体的硫化物生成和产生的碳酸氢盐可能形成更稳定的碳酸铀酰络合物，从而降低 U(Ⅵ)的还原速率。

在中等浓度下，硫酸盐似乎不会对 U(Ⅵ)的生物还原产生不利影响。但在 ≥2000mg/L 和 ≥5000mg/L 的高浓度下，硫酸盐抑制了 U(Ⅵ)还原微生物的活性。在高硫酸盐浓度下，这种抑制作用可能是由硫化氢引起的。硫化氢是生物硫酸盐还原作用的结果，而不是硫酸盐本身。然而，还应注意的是，在低碳酸氢盐含量下，硫化氢可作为非生物 U(Ⅵ)还原剂[21]。

6.2.5　影响铀生物还原速率的其他化合物

在原地回采（ISR）停止开采铀矿石后，地下水和其他铀废水中发现的许多金属离子，包括 Ca、Mg、Zn 和 Cu 等。已有研究证明这些金属离子对生物还原 U(Ⅵ) 有负面影响。Ni、Zn 和 Cu 的负效应可能是由对微生物的毒性引起的。当可溶性 Ni、Zn 和 Cu 分别不小于 0.2 mmol/L（11.7 mg/L）、不小于 0.38 mmol/L（25 mg/L）和不小于 0.24 mmol/L（15 mg/L）时，生物还原 U(Ⅵ) 完全被抑制。另一方面，Ca 和 Mg 的负面影响是由含有 U(Ⅵ) 和碳酸盐的水中形成相对稳定且难溶的三碳酸铀酰配合物引起的（图 6-1）。在实验室范围内，Ca 对生物还原 U(Ⅵ) 的影响已被广泛研究。并已证明，在 0.2~0.5 mmol/L（8~20 mg/L）浓度下，Ca 可降低 U(Ⅵ) 生物还原的速率和程度[19]。一些研究也表明，Ca 浓度与 U(Ⅵ) 还原率呈负相关。然而，针铁矿和赤铁矿以及少量的铁氢化物被报道可通过吸附降低溶解钙的浓度，从而与缺乏这些丰富铁矿物的系统相比提高 U(Ⅵ) 的还原率。虽然 Mg 的作用没有 Ca 的作用广泛，但 Mg 的浓度与 U(Ⅵ) 还原率呈负相关，但 Mg 的相对还原率比 Ca 在同一浓度下要低。虽然三碳酸铀酰配合物对原位生物修复条件下 U(Ⅵ) 生物还原的影响尚不清楚，但在现场研究中观察到了显著的 U(Ⅵ) 生物还原。尽管根据形态计算，U(Ⅵ) 大部分以碳酸钙铀酰配合物的形式存在。在 Long 等人的研究中，与其他铀物种相比，碳酸氢盐的加入被认为增加了钙－铀酰碳酸盐配合物的比例，甚至被证明导致了 U(Ⅵ) 还原率的增加[13]。

除了无机化合物外，富里酸、腐殖酸、乙二胺四乙酸（EDTA）、氨三乙酸（NTA）和柠檬酸等合成的和天然的双齿或多齿有机化合物，也可以影响生物 U(Ⅵ) 还原，但这种影响似乎是这些物种特有的。柠檬酸可以提高 *S. algae* 的 U(Ⅵ) 还原率，降低 *D. desulfuricans* 的还原率，阻止 *A. dehalogenans* 还原 U(Ⅵ)。U(Ⅵ) 与 Tiron 的复合物很容易被 *D. desulfuricans* 还原，但不易被 *S. algae* 还原[4]。与柠檬酸相比，NTA 和 EDTA 存在时，腐败链球菌的初始 U(Ⅵ) 还原率显著高于柠檬酸。而据报道，*S. putrefaciens* 的 U(Ⅵ) 还原率随着 EDTA 浓度的增加而增加。在 Gu 等人的一项研究中，腐殖酸被 *S. putrefaciens* 证明能提高 U(Ⅵ) 的还原率。但 Burgos 等人的一项研究中，则降低了 U(Ⅵ) 的还原率和还原效率，尽管使用了相同浓度的腐殖酸（100mg/L）。此外，正、负效应均归因于电子传递的变化。有研究表明，腐殖酸既可以增强 U(Ⅵ)和铀还原酶之间的电子传递，也可以破坏电子传递。腐殖酸也被报道具有减少 Ca 和 Ni 引起的负面效应，可能与它们形成络合物，从而减轻 Ca-铀酰-碳酸盐-羧酸配合物的形成和微量金属的毒性效应。柠檬酸、NTA、EDTA 和腐殖酸也能与还原态 U(Ⅳ)形成络合物，阻止其沉淀，使其更具流动性。此外，在暴露于氧气时腐殖酸络合的 U(Ⅳ)已被证明更容易再氧化[22]。

6.2.6 铀浓度对 U(Ⅵ)生物还原的影响

与其他酶介导的反应类似，U(Ⅵ)浓度增加会导致 U(Ⅵ)还原速率增加。但 U(Ⅵ)浓度较高时，铀的固有毒性对微生物是抑制的。铀变成有毒的浓度取决于一系列因素，包括微生物种类、铀络合/形态和溶解度/生物利用度等（表 6-1）。铀与碳酸盐的络合似乎对铀毒性有保护作用。D. desulfuricans 在含有 30mmol/L 碳酸氢盐缓冲液的介质中的初始浓度为 24mmol/L（5710mg/L）。然而，在这两项研究中，培养条件（如温度、初始细胞浓度）是不同的。铀型毒性对铀毒性的重要性是由 Belli 等人的研究结果所支持的。结果表明，铀对腐植酸的毒性与非碳酸铀酰有直接的相关性，总铀浓度不能直接用于预测铀毒性。此外，Belli 等人报道，由于 Ca-铀酰-碳酸盐配合物的存在降低了铀的毒性[8]。

6.3 本章小结

本章从生物还原的矿物学终点、铀还原动力学两个方面，概述了铀还原动力学的研究现状，总结如下：

（1）细菌纯培养实验中可产生铀矿物，并在细胞周质、细胞表面或细胞外形成沉淀。单体 U(Ⅳ)往往是在实验室中添加磷酸盐或在某些条件下（包括天然沉积物），通过培养基中细菌纯培养物产生的。铀矿物可老化为更多的晶体形态，如单体 U(Ⅳ)和 U(Ⅳ)铀矿物。

（2）U（Ⅵ）的生物还原受细胞浓度、温度和 pH 值、电子供体、碳酸氢盐、电子受体的竞争、一些化合物、铀浓度等诸多因素影响。因此，铀还原动力学的研究要根据具体的环境条件而定。

参 考 文 献

［1］ Ulrich K, Veeramani H, Bernier-latmani R, et al. Speciation-dependent kinetics of uranium（Ⅵ）bioreduction ［J］. Geomicrobiology Journal, 2011, 28（5～6）: 396～409.

［2］ Lovley D R, Phillips E J, Gorby Y A, et al. Microbial reduction of uranium ［J］. Nature, 1991, 350（6317）: 413～416.

［3］ Chabalala S, Chirwa E M. Uranium（Ⅵ）reduction and removal by high performing purified anaerobic cultures from mine soil ［J］. Chemosphere, 2010, 78（1）: 52～55.

［4］ Sheng L, Szymanowski J, Fein J B. The effects of uranium speciation on the rate of U（Ⅵ）reduction by *Shewanella* oneidensis MR-1 ［J］. Geochimica et Cosmochimica Acta, 2011, 75（12）: 3558～3567.

［5］ Senko J M, Kelly S D, Dohnalkova A C, et al. The effect of U（Ⅵ）bioreduction kinetics on subsequent reoxidation of biogenic U（Ⅳ）［J］. Geochimica et Cosmochimica Acta, 2007, 71（19）: 4644～4654.

［6］ Tapia-rodriguez A, Luna-velasco A, Field J A, et al. Anaerobic bioremediation of hexavalent uranium in groundwater by reductive precipitation with methanogenic granular sludge ［J］. Water research, 2010, 44（7）: 2153～2162.

［7］ Madden A S, Palumbo A V, Ravel B, et al. Donor-dependent extent of uranium reduction for bioremediation of contaminated sediment microcosms ［J］. Journal of environmental quality, 2009, 38（1）: 53～60.

［8］ Belli K M, Dichristina T J, VAN C P, et al. Effects of aqueous uranyl speciation on the kinetics of microbial uranium reduction ［J］. Geochimica et Cosmochimica Acta, 2015, 157: 109～124.

［9］ Madden A S, Smith A C, Balkwill D L, et al. Microbial uranium immobilization independent of nitrate reduction ［J］. Environmental microbiology, 2007, 9（9）: 2321～2330.

[10] Gilson E R, Huang S, Jaffé P R. Biological reduction of uranium coupled with oxidation of ammonium by *Acidimicrobiaceae* bacterium A6 under iron reducing conditions [J]. Biodegradation, 2015, 26 (6): 475~482.

[11] Luo W, Wu W, Yan T, et al. Influence of bicarbonate, sulfate, and electron donors on biological reduction of uranium and microbial community composition [J]. Applied microbiology and biotechnology, 2007, 77 (3): 713~721.

[12] Zamzow K, Miller G. Closed loop for AMD treatment waste [M] //IMWA, 2017.

[13] Long P E, Williams K H, Davis J A, et al. Bicarbonate impact on U(Ⅵ) bioreduction in a shallow alluvial aquifer [J]. Geochimica et Cosmochimica Acta, 2015, 150: 106~124.

[14] Finneran K T, Anderson R T, Nevin K P, et al. Potential for bioremediation of uranium-contaminated aquifers with microbial U(Ⅵ) reduction [J]. Soil and Sediment Contamination: An International Journal, 2002, 11 (3): 339~357.

[15] Lovley D R, Phillips E J. Bioremediation of uranium contamination with enzymatic uranium reduction [J]. Environmental Science & Technology, 1992, 26 (11): 2228~2234.

[16] Lakaniemi A, Douglas G B, Kaksonen A H. Engineering and kinetic aspects of bacterial uranium reduction for the remediation of uranium contaminated environments [J]. Journal of hazardous materials, 2019.

[17] Elias D A, Krumholz L R, Wong D, et al. Characterization of microbial activities and U reduction in a shallow aquifer contaminated by uranium mill tailings [J]. Microbial ecology, 2003, 46 (1): 83~91.

[18] Wu W, Gu B, Fields M W, et al. Uranium(Ⅵ) reduction by denitrifying biomass [J]. Bioremediation Journal, 2005, 9 (1): 49~61.

[19] Stewart B D, Neiss J, Fendorf S. Quantifying constraints imposed by calcium and iron on bacterial reduction of uranium(Ⅵ) [J]. Journal of environmental quality, 2007, 36 (2): 363~372.

[20] Anderson R T, Vrionis H A, Ortiz-bernad I, et al. Stimulating the in situ activity of *Geobacter* species to remove uranium from the groundwater of a uranium-contaminated aquifer [J]. Appl. Environ. Microbiol., 2003, 69 (10): 5884~5891.

[21] Stylo M, Neubert N, Roebbert Y, et al. Mechanism of uranium reduction and immo-

bilization in *Desulfovibrio* vulgaris biofilms [J]. Environmental science & technology, 2015, 49 (17): 10553 ~ 10561.

[22] Gu B, Yan H, Zhou P, et al. Natural humics impact uranium bioreduction and oxidation [J]. Environmental science & technology, 2005, 39 (14): 5268 ~ 5275.

7 铀的生物矿化

虽然与生物还原相比，生物矿化的研究较少，但作为不溶性铀酰U(Ⅵ)磷酸盐的生物矿物，其对铀的封存是原位生物修复的另一种有前途的技术。特别是对于因为高硝酸盐浓度导致的生物还原可能不可行的场所，或者是容易发生再氧化风险的场所。

7.1 磷酸盐对铀的生物矿化作用

7.1.1 机理与微生物

U(Ⅵ)生物矿化是U(Ⅵ)与微生物和磷酸盐、碳酸盐或氢氧化物等相关的配体形成沉淀的过程。约80%的土壤微生物能够通过磷酸酶的活性，对有机磷进行分解。这些功能微生物包括 *Streptomyces*、*Arthrobacter*、*Bacillus*、*Proteus* 和 *Serratia* 以及各种真菌。当与甘油-2-磷酸（G2P）作用时，*Citrobacter* 属和 *Serratia* 属通过磷酸酶的活性分解有机磷并释放无机磷，并和 U(Ⅵ) 相互作用，形成胞外氢磷酸铀酰（HUO_2PO_4）沉淀。从美国 DOE 橡树岭场地的沉积物中分离出一株 *Rahnella* 和一株 *Bacillus*，可从甘油-3-磷酸（G3P）中分离出无机磷酸盐，并分别沉淀73%和95%的 U(Ⅵ)。沉淀物主要为钙铀云母 $[Ca(UO_2)_2(PO_4)_2]$[1]。深入研究表明，*Rahnella* 菌株在厌氧、高浓度硝酸盐存在下，将 U(Ⅵ)生物矿化为氢铀云母 $[H_2(UO_2)_2(PO_4)_2]$。当提供 G3P 时，从中性 pH 值地下水中分离的三株细菌（*Aeromonas hydrophila*、*Pantoea agglomerans* 和 *Pseudomonas rhodesiae*）在有氧和硝酸盐还原条件下均表现出具有铀的生物矿化作用。U(Ⅵ)被证明具有不溶的羟基磷灰石 $[Ca_5(PO_4)_3OH]$ 的结构。从印度某矿山废水中分离的铜绿假单胞菌（*Pseudomonas aerugino-*

sa J007），可在 3800 mg/L 的高浓度 U(Ⅵ)条件下，对矿山废水中 99%的可溶性 U(Ⅵ)具有良好的生物矿化能力。结晶磷酸铀酰包括 $UO_2(PO_3)_2$、$(UO_2)_3(PO_4)·2H_2O$ 和 $U_2O(PO_4)_2$ 几种形态。从美国能源部橡树岭野外研究中心（ORFRC）的受铀污染土壤中分离的本土细菌，在 pH 值为 5.5 和 7.0 的有氧条件下，通过 G3P 供应的流动柱中进行了铀的生物矿化试验。XAS 分析证实了铀在 pH 值为 5.5 和 7.0 的柱中进行生物矿化形成了磷酸铀酰矿物。结果表明，影响磷化酶活性的酶有 *Caulobacter crescentus* 中的 PhoY 和植酸酶、*Sphingomonas* BSAR-1 中的 PhoK（碱性磷酸酶）和 BSAR-1、*Serratia* sp. 中的 PhoN（酸性磷酸酶）[2]。细菌 U(Ⅵ)生物矿化如图 7-1 所示。

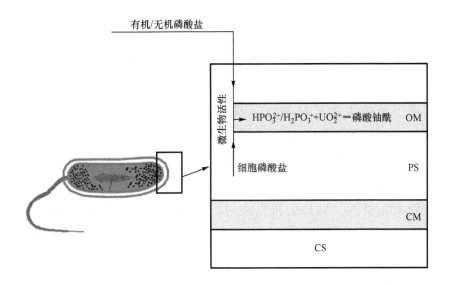

图 7-1　细菌 U(Ⅵ)生物矿化图[3]

OM—外膜；CS—细胞质；CM—细胞质膜；PS—周质

（磷酸盐来源（有机或无机磷酸盐、细胞聚磷酸盐）的可变性；微生物活性
释放的磷酸氢钙离子与 U(Ⅵ)沉淀形成难溶的磷酸铀酰矿物）

　　一些基因改变的细菌菌株也能从溶液中生物矿化铀。其中包括添加酸性磷酸酶基因的 *Escherichia coli*、添加碱性磷酸酶基因的 *Pseudomonas veronii* 和 *P. rhodesiae*，以及 *Deinococcus radiodurans* 等工程菌株。通过向溶液中添加醋酸铵（NH_4Ac），*Citrobacter* sp. 从溶液中去除铀酰离子

的能力大大提高。最终产物 $NH_4UO_2PO_4$ 的溶解度低于 HUO_2PO_4 和 $NaUO_2PO_4$。

有几篇报道着重于 U(Ⅵ)生物还原和 U(Ⅵ)生物矿化的比较研究。在 pH 值为 5.5 和 7.0 的厌氧条件下，磷酸铀酰矿物的生物矿化作用优于 U(Ⅵ)到 U(Ⅳ)的生物还原作用。在厌氧条件下用 G2P 刺激沉积物微生物群落导致形成结晶的 U(Ⅳ)磷酸盐矿物（例如，水磷铀钙矿）。该产物比微生物还原 U(Ⅵ)的产物对氧化再活化作用更为稳固[4]。从上述沉积物中分离出一株菌株（*Serratia* sp.）能够在厌氧和发酵条件下沉淀可溶性 U(Ⅵ)生成磷酸铀矿物。相反，在磷酸盐限制的厌氧条件下，以 G2P 为电子供体，*Serratia* sp. 能将可溶性 U(Ⅵ)还原为纳米晶 U(Ⅳ)铀矿。

除了细菌，真菌也能进行 U(Ⅵ)的生物矿化。对生物矿化含铀碳氢化合物的表面表征表明，生物丝状物类似于真菌或放线菌[5]。一株 *Saccharomyces cerevisiae* 在高浓度磷酸盐的培养基中生长时形成磷酸铀酰矿物，表现出铀的生物矿化特征。真菌对铀生物矿化的报道表明，腐生菌、类胡萝卜素和外生菌根真菌可以溶解铀氧化物（UO_3 和 U_3O_8），并在菌丝体中积累铀超过 80mg/g 干重。其中，大部分是生物矿化和结晶良好的偏铀族磷酸铀酰矿物。这些真菌的胞外和胞内磷酸酶活性参与了铀的生物矿化机制。随后的研究表明，真菌溶解和生物矿化的贫铀的生物量浓度高达 300~400U/g 干重。菌丝线状聚集体中的铀矿物和与单个菌丝有关的铀矿物被证实是变质铀族矿物、沥青铀矿或硅质白云母。Liang 等人的结果表明，当使用 G2P 为有机磷源时，土壤真菌 *Paecilomyces javanicus* 和 *Aspergillus niger* 可在菌丝表面沉淀为铀磷矿物。这些生物矿物经鉴定，主要为硅灰岩、重质碳酸钙、磷酸铀酰水合物、磷酸铀酰钾水合物和磷铵铀矿等。从而证明，真菌可通过磷酸酶作用介导铀的生物矿化。此外，一些酵母物种已被证明可利用磷的有机来源（G2P 或植酸）时，通过形成铀磷酸盐生物矿物，从而介导 U(Ⅵ)的生物矿化，在细胞表面形成重质碳酸钙、白云石、碱石灰和磷铵铀矿等磷酸铀酰。也有研究表明，酵母也具有磷酸酶介导的铀生物矿化能力。与 U(Ⅵ)生物矿化有关的微生物见表 7-1[6]。

表 7-1 磷酸酶介导的 U(Ⅵ) 生物矿化微生物

微 生 物	有机磷源	最 终 产 物	参考文献
Citrobacter sp. 和 *Serratia* sp.	甘油 -2-磷酸	HUO_2PO_4	[7]
Bacillus 和 *Rahnella*	甘油 -3-磷酸	$Ca(UO_2)_2(PO_4)_2$	[1]
Rahnella strain	甘油 -3-磷酸	$H_2(UO_2)_2(PO_4)_2$	[8]
Aeromonas hydrophila、*Pantoea agglomerans* 和 *Pseudomonas rhodesiae*	甘油 -3-磷酸	$Ca_5(PO_4)_3OH$	[9]
Pseudomonas aeruginosa	细胞磷酸基团	$UO_2(PO_3)_2$、$(UO_2)_3(PO_4)\cdot2H_2O$ 和 $U_2O(PO_4)_2$	[10]
Pseudomonas sp.	磷酸三丁酯	HUO_2PO_4	[11]
Escherichia coli	植酸	$UO_2HPO_4\cdot4H_2O$	[12]
基因突变的 *E. coli*	甘油 -2-磷酸	HUO_2PO_4	[13]
工程化的 *Pseudomonas veronii* 和 *P. rhodesiae*	甘油 -3-磷酸	$HUO_2PO_4\cdot4H_2O$	[14]
重组的 *Deinococcus radiodurans*	β-甘油磷酸酯	—	[4]
Citrobacter	—	$NH_4UO_2PO_4$	[15]
Beauveria caledonica、*Hymenoscyphus ericae*、*Penicillium simplicissimum*、*Rhizopogon rubescens*、*Serpula himantioides*	细胞内多聚磷酸盐	磷铵铀矿、硅质岩	[16]
Hymenoscyphus ericae	细胞内多聚磷酸盐	—	[5]
Aspergillus niger 和 *Paecilomyces javanicus*	甘油 -2-磷酸	水合铀酰磷酸酯钾、偏碳酸钙、铀酰磷酸盐水合物、偏碳酸钙、磷铵铀矿和硅质岩	[17]
Cryptococcus filicatus、*Kluyveromyces lactis*、*Pichia acaciae*、*Candida argentea*、*Candida sake* 和 *Cryptococcus podzolicus*	甘油 -2-磷酸或植酸钠盐水合物	甲醇、硅质岩、铁铀云母、磷铵铀矿	[6]

7.1.2 矿物学终点

据报道，生物矿化的最终产物是 U(Ⅵ) 磷酸盐矿物，这些矿物不溶于水，且不发生氧化还原变化。*Serratia* sp. N14 菌株产生氢磷酸铀酰（HUP）的试验。在生长液中加入乙酸铵，生成 $NH_4UO_2PO_4$，其溶解度积低于 HUP。利用橡树岭场地土壤进行的实验发现，钙铀云母被沉淀，而当使用环境隔离物时，铀被并入羟基磷灰石 [$Ca_5(PO_4)_3OH$] 中。与钙铀云母相比，羟基磷灰石在接近中性的 pH 值下不易溶解[1]。羟基磷灰石被认为是一种较好的最终产物，因为大面积的 U(Ⅵ) 浓度较低的羟基磷灰石比小范围的 U(Ⅵ) 浓度较高的羟基磷灰石相比，更容易在较长时间内溶解[9]。

7.1.3 局限性

所有证明通过磷酸酶活性进行铀生物矿化的研究，都使用磷酸甘油作为碳和磷酸盐来源，或者使用甘油-3-磷酸或甘油-2-磷酸。这种选择取决于其商业可用性。磷酸甘油可能不适合铀生物矿化。对 *Serratia* sp. 系统进行了替代磷酸盐供体的检测，但发现该生物体内的酶具有底物特异性。含有 *E. coli* 的生物反应器能够从植酸中释放磷酸盐，植酸以硝酸铀酰为 HUP 沉淀，表明利用植物废料作为磷源具有潜力。磷酸三丁酯（TBP）是核燃料后处理过程中提取锕系元素的一种溶剂，在浓缩培养基中作为碳和磷的替代来源进行了研究。含 *Pseudomonas* 属的混合培养物在 U(Ⅵ) 存在下能够降解 TBP，释放正丁醇进行生长，并释放以磷酸铀酰形式沉淀的无机磷酸盐。

一些证据表明，如果一个系统受到磷酸盐的限制，细菌会导致磷酸铀酰的溶解，如钙铀云母。最近对细菌降低磷酸铀矿物中 U(Ⅵ) 的能力进行了评估[8]。有无磷酸盐下，与 *Bacillus subtilis* 和自由悬浮的非生物 HUP 相关的生物 HUP 在碳酸氢盐或 HEPES 缓冲液中与异种金属还原菌培养。U(Ⅳ) 是以吸附的单分子 U(Ⅳ) 的形式或类似于无定形固体的形式产生的水磷铀钙矿。这是由固相 U(Ⅵ) 还原形成的，在这种情况下还原速率应与 HUP 比表面积成正比。生物 HUP 的有效比表面积是非生物

HUP 的 27 倍[9]。在碳酸氢盐（促进 HUP 溶解）的存在下，U(Ⅵ)的还原程度更高，而磷酸盐的还原程度更低。这表明细菌减少了 HUP 中溶解的 U(Ⅵ)，而不是固相 U(Ⅵ)。U(Ⅳ)沉淀的进一步溶解通过干扰 HUP 和 U(Ⅵ)$_{(aq)}$ 之间的平衡来驱动。在污染的汉福德场地沉积物中，用合成的钠黄硅钾铀矿和粒内钠黄硅钾铀矿观察到固体 U(Ⅵ)的溶解金属还原[1]。

7.1.4　障碍和未来潜力

作为一种可行的技术，在矿山现场上实施铀生物矿化仍然存在一些明显的挑战。使用有机磷酸盐（如甘油磷酸盐）的一个主要限制是，它们被认为在经济上不可行。与有机磷酸盐相比，无机磷酸盐的添加似乎是一种成本效益高且简单的方法。然而，无机磷酸盐可能会迅速沉淀，导致堵塞，不易在环境中分散。其他具有成本效益的有机磷酸盐来源，如磷酸三丁酯和植酸（来自植物废物）已被测试，以克服使用甘油磷酸盐造成的成本高的问题[12]。

尽管如此，铀的生物矿化可能比铀的生物还原更具优势。铀的生物矿化已在酸性和中性 pH 值、好氧和厌氧条件下得到证实。在酸性和中性 pH 值、低 pH 值、好氧和有氧维持条件的铀污染沉积物中，铀的生物矿化作用被证实有效[8]。U(Ⅵ)在广泛的 pH 值条件下（pH = 4 ~ 8）形成难溶和稳定的磷酸盐矿物。与 U(Ⅳ)矿物相比，在常见的氧化还原条件下磷酸铀酰矿物也较为稳定。综上所述，由于铀生物矿化在不同环境条件下的稳定性和生存能力，与铀生物还原相比，铀生物矿化是一种有前途的技术，应进行现场研究[18]。

7.2　铀与碳酸盐的生物矿化

自然环境中，铀在土壤和岩石中的含量很低。然而，受铀污染的地区，铀含量较高。例如，在汉福德场地的一个处理池附近的近地表沉积物中含有与方解石共沉淀的较高浓度的铀[19]。然而，在欠饱和环境中，方解石会影响铀的迁移率。在中性 pH 值以上，方解石中溶解的碳酸盐

和 Ca^{2+}，能与 U(Ⅵ)形成 $UO_2(CO_3)_3^{4-}$ 和 $Ca_2UO_2(CO_3)_3$，进一步在环境中活化铀。

微生物引起的碳酸盐沉淀（MICP）已经被一些研究人员进行了研究。能够产生碳酸钙的细菌包括 *SRB*、*Cyanobacteria*、*Bacillus*、*Myxobacteria*、*Halobacillus* 和 *Pseudomonas* 属[20]。特别是 *Bacillus* 在这一领域显示出巨大的潜力。MICP 已经用几种污染金属（如锶）成功地进行了测试。结果表明，通过细菌解脲，MICP 具有显著的金属隔离效果。除锶外，用 MICP 研究的其他污染物包括砷、铜和铅[21]。在与方解石共沉淀的过程中，离子半径接近 Ca^{2+} 的其他金属离子，如 Cu^{2+}、Cd^{2+}、Pb^{2+} 和 Sr^{2+}，可以通过替换 Ca^{2+} 而被并入到方解石晶体中。

然而，对 MICP 与铀生物矿化有关的研究还很有限。U(Ⅵ)的分配系数估计低于 0.2，U(Ⅳ)的分配系数估计低于 200。与 95% 的锶捕收率相比，碳酸钙沉淀法只分离了 30% 的 UO_2。这些结果表明，这两种元素可能结合在不同的位点上。钙晶格位点与锶有关，晶体缺陷位点与 UO_2 有关。在不同的碳酸钙形态中，文石比方解石优先含有铀酰。Reeder 等人报道了多个铀酰物种可能与方解石共沉淀，总 U(Ⅵ)形态可能随条件和晶体位置的可用性而变化。除了共沉淀作用以外，方解石对 U(Ⅵ)的吸附作用也较强[22]。

总之，铀与碳酸盐的生物矿化作用，取决于碳酸钙的形态和不同的铀酰种类。然而，在欠饱和条件下，Ca^{2+} 和 CO_3^{2-} 可能与 U(Ⅵ)复合，从而增加 U(Ⅵ)迁移率。

7.3　铀与硅酸盐的生物矿化

在汉福德场地的铀污染沉积中，检测到了钠黄硅钾铀矿[$Na(UO_2)(SiO_3OH)·1.5H_2O$][23]。当钠长石遇到硅酸盐和磷酸盐时，U(Ⅵ)以各种磷酸盐和硅酸盐和变柱铀矿（$UO_3·2H_2O$）等难溶矿物的形式沉淀。自然环境中，硅藻的硅质试验或与有机物结合，发现硅藻外壳和硅藻土含有较高浓度的铀。硅酸盐和铀的共沉淀矿物的存在，以及硅藻土二氧化硅中较高的铀含量表明，硅酸盐对铀的生物矿化可能具有可行性和研究价值[3]。

7.4　本章小结

　　本章从磷酸盐对铀的生物矿化、碳酸盐对铀的生物矿化、硅酸盐对铀的生物矿化3个方面，概述了铀的生物矿化，总结如下：

　　（1）磷酸盐对铀的生物矿化是目前研究最为广泛的。研究表明，*Serratia*、*Proteus*、*Bacillus*、*Arthrobacter* 和 *Streptomyces* 以及各种真菌可以促进磷酸盐对铀的生物矿化。

　　（2）铀与碳酸盐的生物矿化作用目前研究较少，其矿化机理取决于不同的铀酰种类和碳酸钙的形态。

　　（3）铀与硅酸盐的生物矿化作用也有少量的研究。在自然环境中，硅藻的硅质或与有机物结合试验，发现硅藻圆台和硅藻粉中含有较高浓度的铀，表明硅酸盐对铀的矿化有较好的效果。

参 考 文 献

[1] Beazley M J, Martinez R J, Sobecky P A, et al. Uranium biomineralization as a result of bacterial phosphatase activity: insights from bacterial isolates from a contaminated subsurface [J]. Environmental science & technology, 2007, 41 (16): 5701 ~ 5707.

[2] Yung M C, Jiao Y. Biomineralization of uranium by PhoY phosphatase activity aids cell survival in *Caulobacter* crescentus [J]. Appl. Environ. Microbiol. , 2014, 80 (16): 4795 ~ 4804.

[3] Wufuer R, Wei Y, Lin Q, et al. Uranium bioreduction and biomineralization [M] // Elsevier, 2017: 137 ~ 168.

[4] Appukuttan D, Rao A S, Apte S K. Engineering of *Deinococcus* radiodurans R1 for bioprecipitation of uranium from dilute nuclear waste [J]. Appl. Environ. Microbiol. , 2006, 72 (12): 7873 ~ 7878.

[5] Fomina M, Charnock J M, Hillier S, et al. Role of fungi in the biogeochemical fate of depleted uranium [J]. Current Biology, 2008, 18 (9): R375 ~ R377.

[6] Liang X, Csetenyi L, Gadd G M. Uranium bioprecipitation mediated by yeasts utilizing organic phosphorus substrates [J]. Applied Microbiology and Biotechnology, 2016, 100 (11): 5141 ~ 5151.

[7] Macaskie L E, Bonthrone K M, Rouch D A. Phosphatase-mediated heavy metal accumulation by a *Citrobacter* sp. and related enterobacteria [J]. FEMS Microbiology Letters, 1994, 121 (2): 141~146.

[8] Beazley M J, Martinez R J, Sobecky P A, et al. Nonreductive biomineralization of uranium(Ⅵ) phosphate via microbial phosphatase activity in anaerobic conditions [J]. Geomicrobiology Journal, 2009, 26 (7): 431~441.

[9] Shelobolina E S, Konishi H, Xu H, et al. U(Ⅵ) sequestration in hydroxyapatite produced by microbial glycerol 3-phosphate metabolism [J]. Applied and Environmental Microbiology, 2009, 75 (18): 5773~5778.

[10] Choudhary S, Sar P. Uranium biomineralization by a metal resistant *Pseudomonas* aeruginosa strain isolated from contaminated mine waste [J]. Journal of hazardous materials, 2011, 186 (1): 336~343.

[11] Thomas R, Macaskie L. Biodegradation of tributyl phosphate by naturally occurring microbial isolates and coupling to the removal of uranium from aqueous solution [J]. Environmental Science & Technology-ENVIRON SCI TECHNOL, 1996, 30.

[12] Paterson-beedle M, Readman J E, Hriljac J A, et al. Biorecovery of uranium from aqueous solutions at the expense of phytic acid [J]. Hydrometallurgy, 2010, 104 (3): 524~528.

[13] Basnakova G E, et al. The use of *Escherichia* coli bearing a phoN gene for the removal of uranium and nickel from aqueous flows [J]. Applied Microbiology & Biotechnology, 1998.

[14] Powers L G, Mills H J, Palumbo A V, et al. Introduction of a plasmid-encoded phoA gene for constitutive overproduction of alkaline phosphatase in three subsurface *Pseudomonas* isolates [J]. FEMS Microbiology Ecology, 2002, 41 (2): 115~123.

[15] Yong P, Macaskie L E. Enhancement of uranium bioaccumulation by a *Citrobacter* sp. via enzymically-mediated growth of polycrystalline $NH_4UO_2PO_4$ [J]. Journal of Chemical Technology & Biotechnology, 1995, 63 (2): 101~108.

[16] Fomina M, Charnock J, Bowen A D, et al. X-ray absorption spectroscopy (XAS) of toxic metal mineral transformations by fungi [J]. Environmental Microbiology, 2007, 9 (2): 308~321.

[17] Liang X, Hillier S, Pendlowski H, et al. Uranium phosphate biomineralization by fungi [J]. Environmental Microbiology, 2015, 17 (6): 2064~2075.

[18] Salome K R, Green S J, Beazley M J, et al. The role of anaerobic respiration in the immobilization of uranium through biomineralization of phosphate minerals [J]. Geochimica et Cosmochimica Acta, 2013, 106: 344 ~ 363.

[19] Catalano J, Mckinley J, Zachara J, et al. Changes in uranium speciation through a depth sequence of contaminated hanford sediments [J]. Environmental Science & Technology, 2006, 40: 2517 ~ 2524.

[20] Kumari D, Qian X, Pan X, et al. Microbially-induced carbonate precipitation for Immobilization of Toxic Metals [J]. Advances in applied microbiology, 2016, 94: 79 ~ 108.

[21] Lauchnor E G, Schultz L N, Bugni S, et al. Bacterially induced calcium carbonate precipitation and strontium coprecipitation in a porous media flow system [J]. Environmental Science & Technology, 2013, 47 (3): 1557 ~ 1564.

[22] Doudou S, Vaughan D J, Livens F R, et al. Atomistic simulations of calcium uranyl (Ⅵ) carbonate adsorption on calcite and stepped-calcite surfaces [J]. Environmental Science & Technology, 2012, 46 (14): 7587 ~ 7594.

[23] Catalano J G, Heald S M, Zachara J M, et al. Spectroscopic and diffraction study of uranium speciation in contaminated vadose zone sediments from the Hanford site, Washington state [J]. Environmental Science & Technology, 2004, 38 (10): 2822 ~ 2828.

8　生物还原 U(Ⅳ) 的
稳定性及再氧化

8.1　生物还原 U(Ⅳ) 的稳定性及再氧化

为了通过生物还原有效地长期固定铀，不溶性 U(Ⅳ) 的非生物或生物再氧化的可能性应较小。影响沥青铀矿的稳定性主要是其受氧的非生物氧化作用。然而，对于稳定性而言，需要在简单的缺氧条件下持久稳定。许多纯培养或原位改进的实验开始探索防止 U(Ⅳ) 再氧化的可能机制。硝酸盐常在污染场地中的 U(Ⅵ) 存在处发现，并可引起 U(Ⅳ) 氧化[1]。硝酸盐生长的 *G. metallireducens* 可通过硝酸盐作为电子受体，直接将 U(Ⅳ) 或 Fe(Ⅱ) 氧化[2]。其他实验表明，U(Ⅳ) 的快速氧化可以通过与 Fe(Ⅲ) 的非生物相互作用发生，生成 U(Ⅵ) 和 Fe(Ⅱ)。这一过程可以通过将上述反应耦合到由有机营养细菌还原硝酸盐过程中，产生的氮氧化物并氧化 Fe(Ⅱ) 来维持。氧化的相对速率取决于它们的惰性和存在的 Fe(Ⅲ) 矿物的表面积。

其他工作中，已经认为腐殖物质、铁载体和微生物（BI）产生的碳酸盐存在，通过形成高度稳定的 U(Ⅵ) 配合物来刺激 $O_{2(s)}$ 的氧化。这种再氧化与系统中存在的 Fe(Ⅲ) 的量相关。微生物产生的 U(Ⅳ) 是 Fe(Ⅲ) 还原的电子供体，赤铁矿是最有效的 Fe(Ⅲ) 源[3]。有趣的是，氧化依赖于活性细菌培养物的存在，这表明该过程并非仅仅是非生物的。最后，*Thiobacillus denitrificans* 可在具有在中性 pH 值下溶解 U(Ⅳ) 氧化物，并在依赖硝酸盐呼吸的能力[4]。因此，尽管人们对 U(Ⅵ) 的生物还原效果和 U(Ⅳ) 的长期稳定性有许多担忧，但所获得的知识应允许对这种锕系元素的管理进行合理的预测。通过推断，也可以对其他方面进行合理的预测。

难溶性 U(Ⅳ) 对再氧化的抗性和随后 U(Ⅵ) 的再活化是至关重要的，因此应长期监测自由基的转化。生物还原的纳米颗粒具有大比表面积，因此比聚集体或晶体更具反应性（并且可能易受再氧化）。碳酸盐的存在大大增加了沥青铀矿再氧化的速率，因为它能与 U(Ⅵ) 形成络合物，从表面去除并防止保护物的积累[5]。热力学上，氧和硝酸盐（通过脱硝中间体，如亚硝酸盐）可氧化 U(Ⅵ)，但其可能受反应动力学的限制。这里的重点研究的是在具有自然微生物群落的沉积物中的 U(Ⅳ) 的再氧化，而不是纯矿物形式。U(Ⅳ) 也可以被 Fe(Ⅲ) 矿物氧化。U(Ⅳ) 也可以通过 Fe(Ⅲ) 矿物、锰氧化物、有机配体（如柠檬酸盐和 EDTA）进行氧化，即使在厌氧条件下和微生物生成的碳酸氢盐，即使在生物还原条件下[6]。

8.2　暴露在氧下的再氧化

在天然和工程环境中，再氧化的影响是放射性核素的长期生物循环行为的重要研究方向。实验室微模型中发现，在空气中轻轻搅拌时，24h 内缓慢搅拌可使沉积物中的 U(Ⅳ) 近完全再氧化。约 60% 的生物还原 Fe(Ⅱ) 在接触细菌恒温摇床上通氧气后，1~9 天内被重新活化。在柱研究中观察到通过氧流入介质中可快速再氧化 U(Ⅳ)。例如，61% 的生物还原的 U(Ⅳ) 在 21 天内被氧化，几乎所有的 U(Ⅳ) 都在 122 天后被氧化。而在 15℃ 的地下水中，88% 的铀沉淀在暴露于含有 8.6mg/L 溶解氧的溶剂中，54 天内均被氧化。相反，在含氧进水的柱中观察到，总生物还原的 U(Ⅳ) 在 64 天内没有再氧化[7]。这可能于生物还原后沉积物中残留的电子供体有关。

模拟氧地下水侵入的影响时，将沉积物暴露于天然含氧水中。这个柱实验研究了来自来福场地的沉积物和地下水，其中含有 1~2mg/L 的溶解氧。在第一个月内，17% 的生物沉淀 U(Ⅳ) 在生物还原阶段被重新活化，之后没有发现额外的氧化。微生物群落的特征是能够从死的生物质中氧化复杂的有机物细菌，并消耗较低浓度的溶解氧，从而防止了生物 U(Ⅳ) 的再氧化。用汉福德场地沉积物进行的实验发现，在 50 天的时间里，对奥克斯河的水的暴露只去除了 7% 的生物还原 U(Ⅳ)。这些柱以前是持续电子供体供应的，而对照柱中吸附的 U(Ⅵ) 仅占 7%[8]。在生物还原柱沉积物中，剩余的 93% 的铀被鉴定为纳米沥青铀矿。这表明在该条件下，再氧化的作用不明显。该过程中，可能是引入到柱中溶解氧低的浓度相对较低。在来福场地，另一种与环境相关的方法是将生物生成的沥青铀矿浸入含氧地下水中[5]。104 天后，约 50% 的沥青铀矿已溶解，并没有观察到不溶性腐蚀产物。速率比实验室测量的慢 50 ~ 100 倍，这是由于生物量的存在、分子扩散和地下水溶质的表面钝化所导致。

在橡树岭场地还研究了生物还原的 U(Ⅳ) 的再氧化。地下水初始 U(Ⅵ) 浓度可达 135 μmol/L。两年的时间里使用乙醇会促进 U(Ⅳ) 的固定。随后添加亚硫酸盐以去除任何残留的溶解氧，从而将地下水中的 U(Ⅵ) 浓度降低至 0.13 μmol/L。超过 60 天的时间，将溶解氧引入注入井内，导致地下水中铀的增加，最多可达 2 μmol/L。注水井底泥中铀浓度从 10.3 g/kg 下降到 4.64 g/kg，附近监测井中的铀浓度也有下降，但离注水井较远的监测井底泥中铀的浓度实际上有所上升。然后继续添加乙醇，恢复 U(Ⅵ) 还原，并保持地下水中的铀浓度低于 0.1 μmol/L。试验结束时，监测井底沉积物中 60% ~ 80% 的铀以 U(Ⅳ) 的形式存在[9]。

8.3 暴露在硝酸盐下的再氧化

U(Ⅳ) 由硝酸盐再氧化的机制包括：反硝化中间体的非生物氧化和亚硝酸盐的生成、直接导致与硝酸盐还原耦合的细菌中毒、或通过反硝化中间体或与硝酸盐还原耦合的细菌产生的 Fe(Ⅲ) 的氧化。有研究发现与 Fe(Ⅲ) 氢氧化物相比，亚硝酸盐是相对较差的 U(Ⅳ) 氧化剂；但与含 Fe(Ⅱ) 的铅结合，U(Ⅳ) 可完全氧化，而 Fe(Ⅱ) 作为电子穿梭剂或催化剂在硝酸还原和 U(Ⅳ) 氧化之间起作用。由生物亚硝酸盐产生的无定形生物 Fe(Ⅲ)，与较低表面积的生物成因的 Fe(Ⅲ) 相比，以更大的速率和程度氧化了 U(Ⅳ)[10]。

硝酸盐还原菌在介导硝酸盐氧化 U(Ⅳ) 的过程中起着特别重要的作

用。从硝酸盐再氧化系统中分离出 *Pseudomonas*。当 *Pseudomonas* 细胞和硝酸盐加入无菌预还原沉积物微模型时，发生了 U(Ⅳ) 的总再氧化；但当将硝酸盐添加到无菌系统中时，不发生再氧化。在厌氧条件下 *Thiobacillus denitrificans* 与硝酸盐还原菌氧化合成和生物形成沥青铀矿。利用橡树岭场地的两种富集培养物研究了 U(Ⅳ) 的再氧化；研究了以 *Clostridium* 属为主的 Fe(Ⅲ) 还原培养物和以 *Desulfovibrio* 属为主的硫酸盐还原培养物。在这些系统中，5mmol/L 硝酸盐未能在两种富集培养物中再氧化 U(Ⅳ)。硫酸盐还原系统中硝酸盐的浓度保持不变；这是由于硝酸盐还原菌的缺乏[11]。与 Fe(Ⅲ) 还原体系相比，5mmol/L 硝酸盐在 48h 后几乎为零，未检测到亚硝酸盐，也未观察到铵浓度的增加。缺乏 U(Ⅳ) 再氧化的原因是硝酸盐还原细菌的缺乏或 Fe(Ⅱ) 和（或）硫化物的氧化还原缓冲效应[12]。

与添加的硝酸盐相比，再活化的 U(Ⅳ) 之间没有明显的差异。例如，在含有生物还原来福场地沉积物的柱状进水中，加入 80 倍的过量硝酸盐，54 天内可使 97% 的铀重新活化[12]。后来的研究发现，硝酸盐可比溶解氧氧化更多的 U(Ⅳ)，因为氧与亚铁硫化物的反应动力学更快，导致硝酸盐对 U(Ⅳ) 的氧化速度较快。因此，保护更多的 U(Ⅳ) 不与氧化剂接触。暴露于 1000 倍化学计量的过量硝酸盐实验中，结果表明约 86% 的铀 10 天后被氧化[13]。相反，另一个研究发现暴露于 240 倍化学计量过量硝酸盐 20 天后，U(Ⅳ) 仅再氧化 3%。在该体系中铀保留的机制未被识别，超过 80% 的 Fe(Ⅱ) 被氧化成 Fe(Ⅲ)，并观察到硝酸盐的还原。

将 2mmol/L 硝酸盐原位添加到橡树岭场地含有生物还原 U(Ⅳ) 的沉积物中。最初将 Fe(Ⅱ) 和硫酸盐释放到溶液中，然后 Fe(Ⅱ) 浓度降低，推测产生了 Fe(Ⅲ) 氢氧化物沉淀[14]。新达到 1μmol/L 铀时，形成了亚硝酸盐（观察到完全反硝化过程）。随后乙醇的添加导致 U(Ⅵ) 瞬时增加至约 2.5μmol/L，这可能是由于在 Fe(Ⅲ) 氢氧化物的浓度降低到小于 0.1μmol/L 时，产生了解吸作用。

总之，U(Ⅳ) 再氧化的研究，为生物还原效果提供了一个长期的稳定性的考量，十分重要。维持还原条件和（或）持续的电子供体供应，可能对长期保持 U(Ⅳ)是必需的。铁硫化物的存在，在保护 U(Ⅳ)免受再氧化方面起着重要的作用。评估 U(Ⅳ)对再氧化的易感性的方法是至关重要的。在更接近于现场实验条件中，观察到较低量的再氧化，这可能为较大规模的实验发展提供思路[15]。在决策过程中要重点考虑再氧化情形实际发生的可能性。

8.4   本章小结

本章从生物还原 U(Ⅳ)的稳定性及再氧化、暴露在氧下的再氧化、暴露在硝酸盐下的再氧化 3 个方面，概述了生物还原 U(Ⅳ)的稳定性及再氧化，总结如下：

（1）碳酸盐的存在大大增加了沥青铀矿再氧化的速率，氧和硝酸盐可氧化 U(Ⅵ)，U(Ⅳ)也可以通过 Fe(Ⅲ)矿物、锰氧化物、有机配体如柠檬酸盐和 EDTA 再氧化。

（2）实验室微模型实验中发现，在空气中 4 h 内缓慢搅拌可使沉积物中 U(Ⅳ)的近完全再氧化。表明在有氧存在的环境中，生物 U(Ⅳ)的稳定性较差。

（3）U(Ⅳ)由硝酸盐再氧化的机制为反硝化中间体的非生物氧化。硝酸盐还原菌在介导硝酸盐氧化 U(Ⅳ)的过程中起着特别重要的作用。与添加的硝酸盐相比，再活化的 U(Ⅳ)之间无明显的差异。

（4）维持还原条件和（或）持续的电子供体供应，可长期保持 U(Ⅳ)的稳定性。

参 考 文 献

[1] Ulrich K, Singh A, Schofield E, et al. Dissolution of biogenic and synthetic UO₂ under varied reducing conditions [J]. Environmental Science & Technology, 2008, 42: 5600 ~ 5606.

[2] Ortiz-bernad I, Anderson R, Vrionis H, et al. Vanadium respiration by geobacter metallireducens: novel strategy for in situ removal of vanadium from groundwater [J]. Applied and Environmental Microbiology, 2004, 70: 3091 ~ 3095.

[3] Payne, Rayford B, et al. Uranium reduction by desulfovibrio desulfuricans strains G20

and a cytochrome c [sub 3] mutant [J]. Applied & Environmental Microbiology, 2002.

[4] Zhou P, Beller H. Different enzymes are involved in anaerobic, nitrate-dependent U(Ⅳ) and Fe(Ⅱ) oxidation in *Thiobacillus* denitrificans [J]. AGU Fall Meeting Abstracts, 2011: 1055.

[5] Campbell K M, Davis J A, Bargar J, et al. Composition, stability, and measurement of reduced uranium phases for groundwater bioremediation at old rifle, CO [J]. Applied Geochemistry, 2011, 26: S167~S169.

[6] Wang Z, Lee S W, Kapoor P, et al. Uraninite oxidation and dissolution induced by manganese oxide: A redox reaction between two insoluble minerals [J]. Geochimica Et Cosmochimica Acta, 2013, 100: 24~40.

[7] Begg J D C, Burke I T, Lloyd J R, et al. Bioreduction behavior of U(Ⅵ) sorbed to sediments [J]. Geomicrobiology Journal, 2011, 28 (2): 160~171.

[8] Ahmed B, Cao B, Mishra B, et al. Immobilization of U(Ⅵ) from oxic groundwater by hanford 300 area sediments and effects of columbia river water [J]. Water Research, 2012, 46 (13): 3989~3998.

[9] Wu W, Carley J, Luo J, et al. In situ bioreduction of uranium(Ⅵ) to submicromolar levels and reoxidation by dissolved oxygen [J]. Environmental Science & Technology, 2007, 41 (16): 5716~5723.

[10] Senko J, Mohamed Y, Dewers T, et al. Role for Fe(Ⅲ) Minerals in nitrate-dependent microbial U(Ⅳ) Oxidation [J]. Environmental Science & Technology, 2005, 39: 2529~2536.

[11] Boonchayaanant B, Nayak D, Du X, et al. Uranium reduction and resistance to reoxidation under iron-reducing and sulfate-reducing conditions [J]. Water Research, 2009, 43 (18): 4652~4664.

[12] Elwood Madden A, Smith A, Balkwill D, et al. Microbial uranium immobilization independent of nitrate reduction [J]. Environmental Microbiology, 2007, 9: 2321~2330.

[13] Wilkins M, Livens F, Vaughan D, et al. The influence of microbial redox cycling on radionuclide mobility in the subsurface at a low-level radioactive waste storage site [J]. Geobiology, 2007, 5: 293~301.

[14] Wu W, Carley J, Green S J, et al. Effects of nitrate on the stability of uranium in a bioreduced region of the subsurface [J]. Environmental science & technology,

2010, 44 (13): 5104 ~ 5111.

[15] Newsome L, Morris K, Lloyd J R. The biogeochemistry and bioremediation of uranium and other priority radionuclides [J]. Chemical Geology, 2014, 363: 164 ~ 184.

9 现场研究——以美国三个 实验场地为例

现场原位生物还原 U(Ⅵ)（图 9-1）已进行了中试实验[1]。尽管在地下水中长时间保持较低的 U(Ⅵ)浓度可能需要持续提供电子供体。生物还原能否成功，由电子供体、硝酸盐和硫酸盐还原过程的竞争等因素决定。环境条件对微生物群落的组成和种群动态构成影响[2]。形成的矿物的长期稳定性对原位生物修复至关重要，矿物越不易溶解，其再活化的可能性就越小。同时，要避免因生物量增长或过量的矿物沉淀而堵塞注入井和含水层，并考虑泵送大量水和电子供体的稀释效应。

虽然细菌通常被认为是耐辐射的，但过高浓度的 U(Ⅵ)会通过放射毒性或化学毒性对其产生抑制作用。在橡树岭富集培养场地上，细菌对 U(Ⅵ)的抑制系数在 $100\mu mol/L$ 左右。在这个浓度水平上，其产生量和生长速度均降低了 50%。尽管 U(Ⅵ)浓度远超过 S3 池塘附近地下水中的浓度，高达 $11\mu mol/L$[3]。但在现场其他区域的 U(Ⅵ)浓度超过 $100\mu mol/L$，如 FW113-47 井为 $250\mu mol/L$[4]。

细菌可以广泛的利用有机碳源作为电子供体。确定哪一个有机碳源最有效地与 U(Ⅵ)还原相结合，是生物修复的重要步骤。通过电极为 U(Ⅵ)还原提供电子供体也是一种较好的方法。通过比较电子供体，表明最有效的供体是特定于某个单个位点的，例如乙醇适用于橡树岭位点，而醋酸盐适用于美国 DOE 希普罗克位点[5]。使用冲积平原沉积物的柱实验发现，虽然使用氢释放化合物（HRC）和植物油时 U(Ⅵ)还原时间较长，但与醋酸盐相比，这些供体对 U(Ⅵ)的去除量更大。当初始 U(Ⅵ)浓度相等时，用乙醇、葡萄糖、甲醇和甲醇加腐植酸对橡树岭沉积物中 U(Ⅵ)的还原速率几乎相等。用橡树岭的沉积物进行的柱状研究发现，醋酸盐和乳酸盐在 U(Ⅵ)还原方面表现出相似的趋势，一年可除

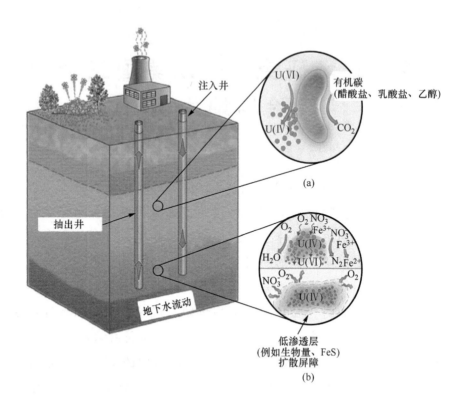

图 9-1 Williams 等 (2012) 对铀生物修复过程的概念性说明[2]

(a) 通过注入井引入有机碳化合物来刺激土壤、沉积物和地下水中的土著微生物,
这些微生物被核能生产活动所污染,选择的生物可以将有机碳 (和 H_2) 的氧化
作用将水中的铀 (如 U(Ⅵ)) 还原,将其从可溶形式转化为不溶形式
(如 U(Ⅳ));(b) 在有机碳注入停止后,随后还原的 U(Ⅳ) 可重新
被氧化剂 (如 Fe^{3+}、NO_3^- 和 O_2) 氧化为 U(Ⅵ);扩散屏障
(例如,生物量或低渗透沉积物) 或优先还原剂 (例如 FeS)
能抑制 U(Ⅳ)再氧化,以维持固定态 U(Ⅳ)的稳定性

去 U(Ⅵ)的量相差不大[6]。电子供体的供给率应达到最佳的 U(Ⅵ)还原
需求;若电子供体的供给率过低,不足以刺激生物还原;而在较低和较
高的有机碳供给率下,有机碳可被氧化形成可溶的碳酸铀酰络合物。显
然,电子供体的选择和应用需要根据具体情况确定[7]。最近,基因组模
型用来预测微生物群落对生物修复的反应。自下而上的基因组规模
(BUGS) 方法已被成功地用于预测能还原 U(Ⅵ)和不能还原 U(Ⅵ)。但

能将电子供体氧化耦合到 Fe(Ⅲ)或硫酸盐还原的物种之间的电子供体竞争[8]。该模型的进一步发展,将使生物修复的应用能够针对特定地点的微生物群落进行定制[2]。

硝酸盐除了能够驱动生物源 U(Ⅳ)的生物再氧化外,还可以作为竞争电子受体。许多研究表明,硝酸盐在 U(Ⅵ)和 Fe(Ⅲ)之前被优先用作电子受体,因为它在能量转换上更有利[9]。由于硝酸盐是核设施中常见的与铀共存的污染物,这对生物还原作为一种修复的应用具有潜在的阻碍作用。另一种理论认为,低 pH 值条件下,硝酸盐的存在是有益的。因为反硝化作用产生的 HCO_3^- 和 OH^- 可中和 pH 值,从而刺激金属还原[10]。

在 pH 值为 6.5 的弱酸性条件下,U(Ⅵ)可与碳酸盐形成稳定的络合物。这种络合物可防止其被固定。碳酸铀酰钙络合物具有较好的稳定性。在这种形态下,U(Ⅵ)是一种不太有利的电子受体。较高浓度的碳酸氢盐(40mmol/L)会降低受污染沉积物中 U(Ⅵ)的还原速率[10]。0.45 ~ 5mmol/L 钙的存在,显著降低了 *Shewanella*、*Desulfovibrio* 和 *Geobacter* 对 U(Ⅵ)的生物还原率和还原程度[11]。相比之下,将 U(Ⅵ)吸附到代表 Dounraey 核设施沉积物上的生物还原实验结果发现,即使存在微量的碳酸氢盐和 Ca,也会发生 U(Ⅵ)的还原和固定[12]。类似地,在来福场地用 5mmol/L Ca 和大量碳酸氢盐进行的实验仍然显示,U(Ⅵ)原位生物还原速率仍然较快[1]。

9.1　美国科罗拉多州 DOE 来福场地

这家前铀矿加工厂的地下水受到低浓度铀的污染。铀从尾矿中浸出,渗流到含水层中。含水层是附近的科罗拉多河的冲积物,地下水每天从场地流入河流约 0.8m。铀污染地下水的垂直迁移受到冲基层的限制,冲基层为一种粉砂质页岩,起到隔水层的作用[13]。在含水层的自然还原带中,观察到铀以 U(Ⅳ)形式沉积;对天然铀含量特别高的样品进行 XAS 分析,发现 U(Ⅳ)与有机物、Fe(Ⅱ)和硫化物络合[14]。尽管 20 世纪 90 年代选矿厂尾矿已从现场清除,但通过氧化作用从自然还原带释放的污染物 U(Ⅳ)以及自然高 U(Ⅵ)的上坡地下水的迁移，是导致地下水中铀浓度持续升高的原因[13]。

2002 年，在现场试验了 100mmol/L 醋酸盐注射液的生物刺激。在注入处理区三个月后，原位生成 1~3mmol/L 醋酸盐之前，收集并使用电子供体和 10mmol/L Br⁻作为示踪剂，对上倾井的地下水进行了修正。溴化物检测表明，含水层每天平均增加 2% 的体积。在 50 天内，U(Ⅵ)浓度从 0.4~1.4μmol/L 下降到最大污染物限值 0.18μmol/L 以下，同时释放出 Fe(Ⅱ)。50 天后，U(Ⅵ)浓度开始增加，Fe(Ⅱ)浓度下降[7]。同时，硫酸盐的化学量降低，醋酸盐的消耗表明在硫酸盐还原早期铀的释放。

2007 年和 2008 年，在来福场地也进行了现场试验[1]。尽管 90% 以上的 U(Ⅵ)以难溶碳酸铀酰钙络合物的形式存在，但当以乙酸盐作为电子供体时，U 的浓度从 1~1.5μmol/L 下降到 0.05~0.1μmol/L。通过确保醋酸盐的浓度保持在大于 10mmol/L 硫酸盐的水平上，可以长时间（140 天）保持这个低浓度。在第一次试验中，较短时间的醋酸盐修正（5mmol/L）导致硫酸盐还原开始时 U(Ⅵ)短暂性增加。这是由于碱性和 pH 值的增加，促进了 U(Ⅵ)的解吸和与碳酸盐的络合作用。另一个因素可能是硫酸盐还原菌不能将 U(Ⅵ)还原与醋酸盐氧化结合起来。迄今为止的研究，大多数 *SRB*，都可使用乳酸盐作为 U(Ⅵ)还原的电子供体。然而，当系统不受醋酸盐有效性（15mmol/L 供应）的限制时，伴随的 Fe(Ⅲ)和硫酸盐还原发生，导致铁硫化物在土壤中的累积并持续去除 U(Ⅵ)。铁硫化物中，长时间的 Fe(Ⅲ)-还原和固存可以阻止 Fe(Ⅲ)相对 U(Ⅳ)的非生物再氧化，同时维持 U(Ⅳ)稳定的氧化还原条件。一旦停止醋酸盐的供应，U(Ⅵ)浓度会反弹。尽管在接受长时间醋酸盐输送的油井中，U(Ⅵ)浓度在 210 天以上仍低于注射前水平 30%~55%。稳定同位素检测和基因表达分析证实，即使在硫酸盐还原过程中，*Geobacter* 也具有活性并可氧化醋酸盐[7]。因此，*Geobacter* 的活性可能是 U(Ⅵ)还原和维持地下水中 U(Ⅵ)低浓度的原因。在这项试验中，作者报告了注入井的导水率下降了四个数量级，可能是由于碳酸盐和硫化物矿物的沉淀和生物量的积累作用。但这并不妨碍电子供体的输送，也没有在任何监测井中观察到。

野外试验中，监测铀同位素比值发现：在原位生物还原过程中，地下水中 $^{238}U/^{235}U$ 含量显著降低[15]。这与预期相反，因为通常较轻的同位素比较重的同位素反应更快，尽管这可以用被称为"核场转移"的效应来解释。该设计用于诱导铀解吸的碳酸氢盐注入不会引起同位素比值的变化，说明吸附和解吸不会影响 $^{238}U/^{235}U$[16]。因此，铀同位素比值可用于指示原位生物还原的发生。许多地球物理技术已被用于监测原位生物刺激试验的效果，包括测量光谱电离电位、自电位、电流密度和复电阻率等[17]。由于地球物理技术可以覆盖更大的区域，并提供连续的时间覆盖，与传统的钻孔地球化学分析相比，它们可以大大提高其对生物刺激期间地下发生变化的理解。此外，它们还可用于提供实时信息以优化生物刺激，例如允许调整醋酸盐注入速率以维持金属还原条件[18]。

2009 年，醋酸盐改性现场试验中，部署了原位沉积物柱[19]。大多数 U(Ⅵ) 在硫酸盐还原条件下被还原，并且观察到与沉积物颗粒上的 U(Ⅳ) 和铁硫化物（Mackinawite）涂层密切相关。尽管在微米和亚微米尺度上，这种涂层是不均匀分布的。众所周知，当磷酸盐浓度较低时，如在来福场地地下水中，Mackinawite 能够无意识地将 U(Ⅵ) 还原为四价铀矿物[20]。鉴定出 U(Ⅳ) 的两种形式：四价铀矿物和与生物质衍生磷酰配体相关的单体 U(Ⅳ)。生物量和 Mackinawite 的并置，允许通过生物 – 非生物转化途径同时沉积为单体 U(Ⅳ) 和沥青铀矿。此外，U(Ⅳ) 相与硫化物的同时沉淀，为 U(Ⅳ) 再氧化创造了物理化学障碍。使在醋酸盐修复 U(Ⅵ) 后得以稳定保持。

通过最新的分子分析方法对来福场地激活的微生物群落进行了详细的研究。PhyloChip 微阵列可鉴定出来福场地背景沉积物中含有不同的微生物群落[21]。总的来说，*Geobacter* 在生物还原 U(Ⅵ) 过程中是主要的微生物群落。在醋酸盐试验结束前，发现微生物种类主要是醋酸盐；但在 ^{13}C 试验结束后，功能微生物种类占主导地位[22]。在 *Geobacter* 总数中，90% 的细胞在 Fe(Ⅲ) 还原的高峰期是浮游的。而在硫酸盐还原过程中，77% 附着在沉积物表面，75% 的硫酸盐还原细菌也是如此[23]。这可能是由于 *Geobacter* 有更多的能量来运动，并且能够在电子供体过剩的时期寻找 Fe(Ⅲ)[24]。全基因组微阵列分析发现，rpsC（核糖体蛋白 S3）的转录丰度与 *Geobacter* 还原铀的生长速度最为相关。因此，监测 rpsC 的表达可用于监测 *Geobacter* 在生物刺激过程中的代谢[25]。磷脂脂肪酸分析（PLFA）发现，在醋酸盐生物刺激现场试验期间，*Geobacter* 的生物标志物和一种未经鉴定的 Fe(Ⅲ)-还原剂大量增加[22]。以 *Geobacter* 为主的浮游生物量的蛋白质组学分析，发现了大量与醋酸盐代谢和能量产生有关的酶和肽。这些数据被用来验证一个金属还原细菌的硅基因组规模模型，该模型将来可能被用来操纵铀生物还原过程中的地球化学条件，从而实现经济高效的生物修复[21]。经醋酸盐生物刺激的样品的物种多样性较低，但 Fe(Ⅲ)还原和硫氧化还原循环属增加，特别是与 *Desulfuromonadales* 和 *Desulfobacterales* 有关的生物。随着实验的进展，观察到从 Fe(Ⅲ)还原剂向硫酸盐还原剂的转变。使用 GeoChip 微阵列进行的分析确定了微生物功能基因丰度的变化，从主要用于金属还原的基因（如 c 型细胞色素）到硫酸盐还原和甲烷生成所需的基因。使用蛋白质组学技术检测到类似的变化[21]。实验后，与 *Firmicutes* 关系密切的 *Mollicutes* 和 *Clostridia* 占优势，尽管人们认为它们是通过吸附而不是生物还原来去除 U(Ⅵ)[26]。蛋白质组学分析确定了田间实验对微生物群落造成的遗留影响；2007 年实验之后，微生物群落仍然存在较多的多样性，这可能通过缩短 Fe(Ⅲ)还原的持续时间，从而影响了 2008 年的试验。最后，在醋酸盐修饰的田间试验中对 18S rRNA 基因序列的分析揭示了噬菌原生动物与金属和硫酸盐还原细菌之间的捕食－猎物反应[27]。*Geobacter* 最初的研究之后，一种与短翅亚目（一种变形虫鞭毛虫）密切相关的物种增加，而六线虫科的双歧鞭毛虫伴随着硫酸盐还原性消化道科的大量繁殖。尽管大部分未被探索，捕食－猎物关系可能是在地下微生物生态学中扮演重要角色，并可能限制 U(Ⅵ)的减少。

最后，利用反应输运模型（RTM）模拟了来福场地生物刺激试验。简言之，RTM 使用以下方法计算污染物传输：描述地下水流动的水文地质参数，通过监测惰性示踪剂（如溴化物）的运输而获得；地球化学参数用于可能有助于或阻碍污染物迁移的化学反应——这需要了解微生物群落及其代谢途径，以及吸附的可能性。

RTM 在来福场地上的首次应用是在 2002 年的生物刺激试验中[28]。有关注入罐组成和水位下降的数据，以及现场溴化物示踪数据被用于追踪地下水的迁移。用 Fe(Ⅲ)氧化物和 U(Ⅵ)作为电子受体与 Geobacter 和硫酸盐还原剂消耗醋酸盐的耦合方程，来表示模型的地球化学成分。对这些参数进行了调整，以反映 2002 年模拟井和背景井的现场地球化学数据[26]。随后，该 RTM 成功地应用于 2003 年的试验（在相同的钻孔中），未修改实验参数，从而突出 RTM 预测未来污染物运移的适用性。将铀吸附和各种矿物反应结合起来的模型的进一步发展，再次以 2002 年的水文地质/地球化学参数为基准，被发现适用于 2007 年在来福场地内不同地块进行的生物模拟试验[29]。RTM 来福场地生物刺激试验的最新进展包括将微生物生长方程与非生物地球化学反应相结合、三维可变饱和流和蛋白质组学数据相结合。同时，RTM 也被用来考虑生物刺激过程中生物量增长和矿物沉淀对地下水流量的影响。在 2002 年和 2003 年的来福场地生物模拟试验中，利用柱实验的地球化学数据预测了矿物和生物量的积累。结果表明，电子供体注入井附近可能发生孔隙空间堵塞。随后的建模证实了这一点，并强调了物理和地球化学非均质性对孔隙堵塞空间分布的影响及其对导水率的影响[30]。

9.2　美国田纳西州 DOE 橡树岭场地

1951 年至 1983 年期间，通过在池塘中处置废物，包括使用硝酸清洗铀加工设备产生的废物，使该场地受到铀污染[31]。因此，现场某些区域的地下水具有低 pH 值、高硝酸盐和 U(Ⅵ)污染共存的特点，对原位生物修复提出了挑战。铀存在多种迁移途径，导致其具有不同化学成分且差别较大[3]。例如，在 S3 池附近，铀浓度为 0.015 ~ 10.9 μmol/L，硝酸盐浓度为 0.47 ~ 37 mmol/L。橡树岭地下 95% 以上的铀与沉积物有关[32]。

以乙醇、醋酸盐或葡萄糖为电子供体进行推拉实验，以评估 U(Ⅵ)、Tc(Ⅶ)和硝酸盐的生物还原潜力。试验井地下水中的背景浓度为 0 ~ 5.8 μmol/L 铀，0.039 ~ 18 nmol/L Tc 和 1 ~ 168 mmol/L 硝酸盐。注入溶液包括用 80 ~ 130mmol/L 碳酸氢钠、1.3mmol/L 溴化物示踪剂和 20 ~ 200mmol/L 电子供体修正的现场地下水,使用 80% N_2 和 20% CO_2 调节 pH 值。每口井注入 200L 注入液,注入量超过 0.5 ~ 2 天内将 200L 注入至每口井,并对这些井进行长达 40 天的监测。在试验井中,Tc(Ⅶ) 和硝酸盐的稀释调整浓度降低,产生亚硝酸盐,但未检测到 Fe(Ⅲ)、U(Ⅵ) 或硫酸盐的减少。在对照井中观察到的唯一变化是由于稀释而导致的浓度降低。第二次相同的注入产生了 Fe(Ⅲ) 还原条件,提高了硝酸盐和 Tc(Ⅶ) 的还原速率,促进了 U(Ⅵ) 的还原[7]。

在添加电子供体的生物还原铀之前,首先对地下水进行预处理,使其处于适宜还原的状态。选择的处理区域是因为其具有较高的水力传导率和较高的铀浓度。通过将 pH 值调整至 4.3 ~ 4.5,清除可能导致含水层原位堵塞的铝和钙,以及去除硝酸盐,以便对净化后的现场地下水进行处理。处理后的水用自来水补充,然后抽回至地面。随后,将处理后的水的 pH 值增加到 6.0 ~ 6.3,以提高地下 pH 值,为产生微生物活性提供最佳条件[33]。毫不奇怪,这些冲洗阶段大大降低了地下水中污染物的浓度,从最初的 48 ~ 158μmol/L 铀降低到 2.7 ~ 5.1μmol/L;硝酸盐从 114 ~ 271mmol/L 降低到 0.1 ~ 0.78mmol/L。土壤中的铀含量保持在 800mg/kg 左右。处理后,间歇地添加乙醇以刺激生物还原。硝酸盐的减少发生在第 47 天,然后是 U(Ⅵ) 的减少。在试验期间(350 天内),地下水中的浓度降低到大约 1μmol/L。土壤中的最终铀浓度范围为 910 ~ 4320mg/kg,其中 28% ~ 51% 以 U(Ⅳ) 形式存在,最高值出现在最靠近注入井的位置[34]。

一次注入电子供体乳化植物油(EVO)的现场试验,使地下水中的 U(Ⅵ) 浓度从 3.8 ~ 9.1μmol/L 降低到 1μmol/L 以下[35]。U(Ⅵ) 浓度至少在 4 ~ 8 个月内低于初始值。后来的试验表明,单次使用 EVO,在浓度反弹之前的一年多时间里,从该地点排放的铀浓度大大减少[36]。水溶液中的 U(Ⅵ) 浓度最初随着铀解吸速率的增加而增加,这归因于生物生成碳酸氢盐和 Fe(Ⅲ) 还原超过了 U(Ⅵ) 还原。从最初的实验室实验开发的生物地球化学模型,可被用于模拟现场试验,并预测了大量的生物还原和 U(Ⅳ) 积累。

硝酸盐还原菌在橡树岭脊底泥微生物群落序列中占很高的比例。*Rhdanobacter* 在酸性、富硝酸盐污染沉积物中占主导地位。与原始地下水相比，污染井水源的基因多样性较低，但信号强度较高[31]。金属抗蚀剂和金属还原微生物在污染水和原水中都存在，这突出了生物修复的潜力。在经过近两年生物模拟的井中，检测到已知的 U(Ⅵ) 还原微生物，包括 *Desulfovibrio*、*Geobacter*、*Anaeromyxobacter*、*Desulfosporosinus* 和 *Acidovarar* 等属。事实上，*Desulfovibrio*、*Anaeromyxobacter* 和 *Desulfosporosinus* 的存在以及 *Geobacter* 的丰度可以用来指示发生过 U(Ⅵ) 还原的区域。最近的一项研究，将关键功能基因的转录水平与 Fe(Ⅲ) 和硫酸盐生物还原速率的地球化学数据联系起来[37]。*Geobacter* 特异性 gltA（编码 TCA 循环中与乙酸结合的酶）转录水平的反应被发现与 Fe(Ⅲ) 还原活性相关，drsA 基因（限速硫酸盐还原酶代码）的表达与硫酸盐浓度相关。电子供体的类型对微生物群落有重要影响。加入 EVO 作为一种缓释电子供体，最初使 *Veillonellaceae* 和 *Desulforegula* 占主导地位；这些可能催化了 EVO 的分解，并将长链脂肪酸氧化为醋酸盐[35]。另一种研究微生物群落反应的方法是在电子供体注入井和抽出井中使用被动多级取样器。随着反硝化细菌、三角洲变形杆菌、*Geobacter* 和产甲烷菌细胞密度的增加，群落组成发生了变化[35]。

9.3　美国华盛顿州汉福德场地

从历史上看，核电站燃料制造活动过程中产生的含铀液体废物都是在沟渠和池塘中处理的，这种处理方法使浸出液迁移到了地下水中。铀污染地下水的羽流与冲积是汉福德场地的无侧限含水层一起存在的；向下迁移受到固结的河湖环礁组的限制[13]。尽管污染源在 20 世纪 90 年代被清除，但这种污染源以非常稳定的碳酸铀酰络合物的形式存在，浓度在 0.04 ~ 0.84μmol/L 之间[38]。铀的持续来源被认为是上游融雪导致的春季地下水上升过程中，包气带中吸附的 U(Ⅵ) 的释放。在正常水文条件下，现场的地下水排放到附近的哥伦比亚河，而在高流量河流期间，这种情况会发生逆转，导致复杂的水动力状况，河水中铀的浓度在

$2.1 \sim 7.1 \, nmol/L$ 之间[13]。

对污染的沉积物中铀的形态进行了研究。硼钨酸钠 $[Na(UO_2)(SiO_3-OH) \cdot 1.5H_2O]$ 是一种硅酸铀酰，主要存在于充满和泄漏的腐蚀性含水污泥（含 $2.5 \sim 5.0 \, mol/L$ 碳酸钠和 $0.5 \, mol/L \, U(VI)$、$0.36 \, mol/L$ 磷酸盐和所有裂变产物）的储罐下方的地面上。铀与方解石作为微粒共沉淀在原工艺池下的近地表，这些池接收了核燃料和包壳的溶解废物。稍深一点，它以偏铜铀云母 $[Cu(UO_2PO_4) \cdot 2.8H_2O]$ 的形式沉淀，而在深处则被层状硅酸盐吸附[7]。对汉福德21#的沉积物样品进行了系统发育分析，分别鉴定出1233个独特的细菌和120个古细菌分类学单位[39]。在缺氧的汉福德地层中微生物多样性较大，而在较深的缺氧环形地层中微生物多样性较低。

利用现场沉积物的柱状实验证明了生物还原法修复地下水中 $U(VI)$ 的潜力。这些设施配备有机改性剂（$2 \, mmol/L$ 乳酸、$2 \, mmol/L$ 苹果酸、$2 \, mmol/L$ 琥珀酸和 $2 \, mmol/L$ 延胡索酸盐）或去离子水，每种都用 $0.126 \, mmol/L \, U(VI)$ 修正，并在7个月内进行监测。当使用电子供体改性的人工地下水时，$80\% \sim 85\%$ 的 $U(VI)$ 通过微生物还原成沥青铀矿固定。在其他柱中，100% 的 $U(VI)$ 被吸附。随后暴露在哥伦比亚河的高氧水中超过50天，每一柱中的 $U(IV)$ 的再活化均在 7% 以下[40]。

2007年，在现场进行了为期5天的化学修复试验，目的是通过磷酸盐注入将地下水中的铀固定到钙铀云母 $[(Ca,Mg,K,H)[(UO_2)(PO_4)]_{1\sim2}]$ 和磷灰石矿物 $[Ca_5(PO_4)_3(OH,F,Cl)]$ 中[39]。早期的一系列实验室实验，确定了长链聚磷酸盐混合物最适合注入地下。铀浓度最初被降低到低于最大污染限值。然而，在六周后，铀浓度显著反弹。铀的去除可能是由于沥青铀矿的形成有关，也可能是由于注入大量水的冲洗和稀释作用[41]。有人认为，在场地条件下，磷灰石的形成能力是有限的。这项工作说明了原位修复的挑战，即引入足够的磷酸盐需要大量的水，以及去除相对较低浓度铀（约 $1 \, \mu mol/L$），所需高浓度磷酸盐（$10.5 \, mmol/L$）。此外，这项实验在仅仅5天的时间里，将含水层的导水率平均降低了6倍。此外，在同一实验室条件下，验证结果并未在同一批实验室条件下得以重复[7]。

9.4　本章小结

（1）在美国能源部来福场地进行的大量现场试验表明，使用醋酸盐可促进地下水中 U(Ⅵ) 的生物还原，并长期保持低浓度。*Geobacter* 在 U(Ⅵ) 还原中具有重要的作用，在硫酸盐和 Fe(Ⅲ) 还原条件下仍具有活性。醋酸盐改性剂对含水层微生物群落结构和多样性具有长期影响。最先进的分子分析和建模技术继续提高对原位生物刺激过程中发生的地下过程的研究。

（2）橡树岭地下的大部分铀与沉积物有关。地下水中存在大量的 U(Ⅵ)，其中一些含有高浓度的硝酸盐，这为 U(Ⅵ) 的生物还原创造了恶劣的条件。应用 EVO 原位刺激技术是一种很有前途的生物修复技术。

（3）尽管污染源在近 20 年前被清除，汉福德的地下水中仍然存在低浓度的铀。柱实验表明，在实验室条件下，铀对沉积物具有强烈的吸附作用；应用电子供体确实导致了铀矿的生物还原，但就再活化的敏感性而言，这与 U(Ⅵ) 的吸附相当。考虑到在实验室中复制现场条件的困难，以及原位化学修复实验中遇到的问题，制定修复策略可能具有挑战性。

参 考 文 献

[1] Williams K H, Long P E, Davis J A, et al. Acetate availability and its influence on sustainable bioremediation of uranium-contaminated groundwater [J]. Geomicrobiology Journal, 2011, 28 (5~6): 519~539.

[2] Williams K H, Bargar J R, Lloyd J R, et al. Bioremediation of uranium-contaminated groundwater: a systems approach to subsurface biogeochemistry [J]. Current Opinion in Biotechnology, 2013, 24 (3): 489~497.

[3] Spain A M, Krumholz L R. Nitrate-reducing bacteria at the nitrate and radionuclide contaminated oak ridge integrated field research challenge site: a review [J]. Geomicrobiology Journal, 2011, 28 (5~6): 418~429.

[4] Cho K, Zholi A, Frabutt D, et al. Linking bacterial diversity and geochemistry of uranium-contaminated groundwater [J]. Environmental Technology, 2012, 33 (14):

1629 ~ 1640.

[5] Lovley D R, Nevin K P. A shift in the current: new applications and concepts for mi-crobe-electrode electron exchange [J]. Current Opinion in Biotechnology, 2011, 22 (3): 441 ~ 448.

[6] Barlett M, Moon H S, Peacock A A, et al. Uranium reduction and microbial commu-nity development in response to stimulation with different electron donors [J]. Biodeg-radation, 2012, 23 (4): 535 ~ 546.

[7] Newsome L, Morris K, Lloyd J R. The biogeochemistry and bioremediation of uranium and other priority radionuclides [J]. Chemical Geology, 2014, 363: 164 ~ 184.

[8] Barlett M, Zhuang K, Mahadevan R, et al. Integrative analysis of *Geobacter* spp. and sulfate-reducing bacteria during uranium bioremediation [J]. Biogeosciences (BG) & Discussions (BGD), 2012.

[9] Madden A S, Smith A C, Balkwill D L, et al. Microbial uranium immobilization inde-pendent of nitrate reduction [J]. Environmental Microbiology, 2007, 9 (9): 2321 ~ 2330.

[10] Thorpe C L, Law G T W, Boothman C, et al. The synergistic effects of high nitrate concentrations on sediment bioreduction [J]. Geomicrobiology Journal, 2012, 29 (5): 484 ~ 493.

[11] Luo W, Wu W, Yan T, et al. Influence of bicarbonate, sulfate, and electron do-nors on biological reduction of uranium and microbial community composition [J]. Applied Microbiology and Biotechnology, 2007, 77 (3): 713 ~ 721.

[12] Stewart B D, Amos R T, Nico P S, et al. Influence of uranyl speciation and iron ox-ides on uranium biogeochemical redox reactions [J]. Geomicrobiology Journal, 2011, 28 (5 ~ 6): 444 ~ 456.

[13] Zachara J M, Long P E, Bargar J, et al. Persistence of uranium groundwater plumes: contrasting mechanisms at two DOE sites in the groundwater-river interaction zone [J]. Journal of Contaminant Hydrology, 2013, 147: 45 ~ 72.

[14] Jiang B, Bai F, Zhao J. Mineralogical and geochemical characteristics of green neph-rite from Kutcho, northern British Columbia, Canada [J]. Lithos, 2021: 106030.

[15] Bopp C J, Lundstrom C C, Johnson T M, et al. Uranium $^{238}U/^{235}U$ isotope ratios as indicators of reduction: results from an in situ biostimulation experiment at Rifle, Colorado, U. S. A. [J]. Environmental Science & Technology, 2010, 44

(15)：5927～5933.

[16] Shiel A E, Laubach P G, Johnson T M, et al. No measurable changes in ^{238}U/^{235}U due to desorption-adsorption of U(VI) from groundwater at the rifle, colorado, integrated field research challenge site [J]. Environmental Science & Technology, 2013, 47 (6)：2535～2541.

[17] Williams K H, Nevin K P, Franks A, et al. Electrode-based approach for monitoring in situ microbial activity during subsurface bioremediation [J]. Environmental Science & Technology, 2010, 44 (1)：47～54.

[18] Flores Orozco A, Williams K H, Long P E, et al. Using complex resistivity imaging to infer biogeochemical processes associated with bioremediation of an uranium-contaminated aquifer [J]. Journal of Geophysical Research, 2011, 116 (G3)：G3001.

[19] Bargar J R, Williams K H, Campbell K M, et al. Uranium redox transition pathways in acetate-amended sediments [J]. Pnas, 2013, 110 (12)：4506～4511.

[20] Ofili N E R, Thetford A, Kaltsoyannis N. Adsorption of U(VI) on stoichiometric and oxidised mackinawite：a DFT study [J]. Environmental Science & Technology, 2020, 54 (11)：6792～6799.

[21] Handley K M, Wrighton K C, Piceno Y M, et al. High-density PhyloChip profiling of stimulated aquifer microbial communities reveals a complex response to acetate amendment [J]. Fems Microbiology Ecology, 2012 (1)：188～204.

[22] Peacock A D, Hedrick D B, Long P E, et al. Field-scale uranium(VI) bioimmobilization monitored by lipid biomarkers and 13 C-acetate incorporation [J]. Remediation Journal, 2011, 21 (4)：85～106.

[23] Kerkhof L J, Williams K H, Long P E, et al. Phase preference by active, acetate-utilizing bacteria at the rifle, CO integrated field research challenge site [J]. Environmental Science & Technology, 2011, 45 (4)：1250～1256.

[24] Dar S A, Tan H, Peacock A D, et al. Spatial distribution of geobacteraceae and sulfate-reducing bacteria during in situ bioremediation of uranium-contaminated groundwater [J]. Remediation Journal, 2013, 23 (2)：31～49.

[25] Holmes D E, Giloteaux L, Barlett M, et al. Molecular analysis of the in situ growth rates of subsurface geobacter species [J]. Applied and Environmental Microbiology, 2013, 79 (5)：1646.

[26] Fang Y, Wilkins M J, Yabusaki S B, et al. Evaluation of a genome-scale in silico

metabolic model for *Geobacter* metallireducens by using proteomic data from a field biostimulation experiment [J]. Applied & Environmental Microbiology, 2012, 78 (24): 8735 ~ 8742.

[27] Holmes D E, et al. Enrichment of specific protozoan populations during in situ bioremediation of uranium-contaminated groundwater [J]. Isme Journal, 2013.

[28] Yabusaki S B, Fang Y, Long P E, et al. Uranium removal from groundwater via in situ biostimulation: field-scale modeling of transport and biological processes [J]. Journal of Contaminant Hydrology, 2007, 93 (1): 216 ~ 235.

[29] Fang Y, Yabusaki S B, Morrison S J, et al. Multicomponent reactive transport modeling of uranium bioremediation field experiments [J]. Geochimica et Cosmochimica Acta, 2009, 73 (20): 6029 ~ 6051.

[30] Li L, Gawande N, Kowalsky M B, et al. Physicochemical heterogeneity controls on uranium bioreduction rates at the field scale [J]. Environmental Science & Technology, 2011, 45 (23): 9959 ~ 9966.

[31] Green S J, Prakash O, Jasrotia P, et al. Denitrifying bacteria from the genus *Rhodanobacter* dominate bacterial communities in the highly contaminated subsurface of a nuclear legacy waste site [J]. Applied & Environmental Microbiology, 2012, 78 (4): 1039 ~ 1047.

[32] Wu W, Carley J, Green S J, et al. Effects of nitrate on the stability of uranium in a bioreduced region of the subsurface [J]. Environmental Science & Technology, 2010, 44 (13): 5104 ~ 5111.

[33] Wu W, Carley J, Fienen M, et al. Pilot-scale in situ bioremediation of uranium in a highly contaminated aquifer. 1. conditioning of a treatment zone [J]. Environmental Science & Technology, 2006, 40 (12): 3978 ~ 3985.

[34] Wu W, Carley J, Gentry T, et al. Pilot-scale in situ bioremedation of uranium in a highly contaminated aquifer. 2. reduction of U (Ⅵ) and geochemical control of U (Ⅵ) bioavailability [J]. Environmental Science & Technology, 2006, 40 (12): 3986 ~ 3995.

[35] Gihring T M, Zhang G, Brandt C C, et al. A Limited microbial consortium is responsible for extended bioreduction of uranium in a contaminated aquifer [J]. Applied and Environmental Microbiology, 2011, 77 (17): 5955.

[36] Tang G, Watson D B, Wu W, et al. U (Ⅵ) bioreduction with emulsified vegetable oil as the electron donor-model application to a field test [J]. Environmental Science

& Technology, 2013, 47 (7): 3218~3225.

[37] Akob D M, Hyon L S, Mili S, et al. Gene expression correlates with process rates quantified for sulfate- and Fe (Ⅲ) -reducing bacteria in U (Ⅵ) -contaminated sediments [J]. Frontiers in Microbiology, 2012, 3 (280): 280.

[38] Maher, Kate. Environmental speciation of actinides [J]. Inorganic Chemistry, 2013, 52 (7): 3510~3532.

[39] Lin X, Kennedy D, Fredrickson J, et al. Vertical stratification of subsurface microbial community composition across geological formations at the Hanford Site [J]. Environmental Microbiology, 2012, 14 (2): 414~425.

[40] Vermeul V R, Bjornstad B N, Fritz B G, et al. 300 Area uranium stabilization through polyphosphate injection [Z]. Pacific Northwest National Lab. (PNNL), Richland, WA (United States), 2009.

[41] Wellman D M, Pierce E M, Bacon D H, et al. 300 Area treatability test: Laboratory development of polyphosphate remediation technology for in situ treatment of uranium contamination in the vadose zone and capillary fringe [Z]. Pacific Northwest National Lab. (PNNL), Richland, WA (United States), 2008.

10　结论与展望

10.1　结论

本文从铀的稳定性及迁移性、铀的生物还原、铀还原酶、铀还原基因组学、铀还原动力学、铀的生物矿化、生物还原U(Ⅳ)的稳定性及再氧化、现场研究等几个方面，论述了铀污染地下水原位生物修复技术的研究现状，总结如下：

（1）铀的稳定性及迁移性。U(Ⅵ)在水环境中的迁移主要受pH值、U(Ⅵ)的形态、配体类型及其络合反应等因素的影响。铀的氧化态是决定其稳定性和迁移率的关键因素。自然环境中铀的氧化态主要为U(Ⅵ)和U(Ⅳ)，其他价态的铀通常比较罕见且稳定性较差，不能长时间的存在。通常认为水中的U(Ⅵ)易随着地下水的流动迁移，而U(Ⅳ)则不易迁移。pH值对铀相及其溶解度具有较大的影响。同时，铀在不同pH值下的形态，也与其他离子的浓度相关。铀相主要包括氧化物和磷酸盐、碳酸盐、硅酸盐、氢氧化物、硫酸盐和钒酸盐等。铀的相态对其固化途径影响显著。主要包括碳酸盐、磷酸盐、硅酸盐、硫酸盐和钒酸盐几种铀相的固化方法。

（2）铀的生物还原：研究人员在实验中偶然发现微生物可以还原U(Ⅵ)，并通过不断的实验，总结相关经验，建立了生物还原的这一研究方向。许多原核生物都可以将U(Ⅵ)还原为U(Ⅳ)。Fe(Ⅲ)-还原菌、硫酸盐还原菌（SRB）等为最常见。微生物还原U(Ⅵ)的机理主要是电子供体和U(Ⅵ)、硫酸盐、Fe(Ⅲ)和硝酸盐等电子受体间的氧化还原反应。然而，电子受体还原的优先级相关的机理，目前仍不明确。影响U(Ⅵ)还原的因素主要有氧化剂、电子供体和碳酸盐、不同类型的

U(Ⅳ)产物、地球化学组成、pH 值、氧化还原电位和其他因素等。

（3）铀还原酶。微生物对铀的异化还原是通过酶的产生以及氢和/或有机化合物作为电子供体来实现的。有效的铀配合物是生物还原铀的酶促反应发生的前提。反应是由于单电子还是 Tw 酶促还原的作用，仍不明确。通过对还原后的细胞定位发现，细胞内的铀主要为 UO_2 沉淀。目前，普通脱硫弧菌还原酶、希瓦氏还原酶被证明对铀还原具有很好的促进作用。

（4）铀还原基因组学。地杆菌属中 ppcA、omcB、omcC、omcE、omcF 和 macA 等基因对 U(Ⅵ)还原有较好的促进作用。希瓦氏菌属中 menC、cymA、mtrA、mtrB 和 mtrC 基因有利于促进 U(Ⅵ)的还原。脱硫弧菌属中 mreA、mreB、mreC、mreD、mreE、mreF、mreG、mreH 和 mreI 基因可以影响 U(Ⅵ)的还原。

（5）铀还原动力学。细菌纯培养实验中可产生铀矿物，并在细胞周质、细胞表面或细胞外形成沉淀。单体 U(Ⅳ)往往是在实验室中添加磷酸盐或在某些条件下（包括天然沉积物），通过培养基中细菌纯培养物产生的。铀矿物可老化为更多的晶体形式，如从单体 U(Ⅳ)到铀矿物。U(Ⅵ)的生物还原受细胞浓度、温度和 pH 值、电子供体、碳酸氢盐、电子受体的竞争、一些化合物、铀浓度等诸多因素影响。因此，铀还原动力学进行研究要根据具体的环境条件而定。

（6）铀的生物矿化。磷酸盐对铀的生物矿化是目前研究最为广泛的。研究表明，*Serratia*、*Proteus*、*Bacillus*、*Arthrobacter* 和 *Streptomyces* 以及各种真菌可以促进磷酸盐对铀的生物矿化。铀与碳酸盐的生物矿化作用目前研究较少，其矿化机理取决于不同的铀酰种类和碳酸钙的形态。铀与硅酸盐的生物矿化作用也有少量的研究。在自然环境中，硅藻的硅质或与有机物结合试验，发现硅藻圆台和硅藻粉中含有较高浓度的铀，表明硅酸盐对铀的矿化有较好的效果。

（7）生物还原 U(Ⅳ)的稳定性及再氧化。碳酸盐的存在大大增加了沥青铀矿再氧化的速率，氧和硝酸盐可氧化 U(Ⅵ)，U(Ⅳ)也可以通过 Fe(Ⅲ)矿物、锰氧化物、有机配体如柠檬酸盐和 EDTA 进行氧化。实验室微模型实验中发现，在空气中 4h 内缓慢搅拌可使沉积物中 U(Ⅳ)的近完全再氧化。表明在有氧存在的环境中，U(Ⅳ)的稳定性较差。U(Ⅳ)由硝酸盐再氧化的机制为反硝化中间体的非生物氧化。硝酸盐还原菌在介导硝酸盐氧化U(Ⅳ)的过程中起着特别重要的作用。与添加的硝酸盐相比，再活化的U(Ⅳ)之间无明显的差异。维持还原条件和/或持续的电子供体供应，可长期保持U(Ⅳ)的稳定性。

（8）现场研究：在美国能源部来福场地进行的大量现场试验表明，使用醋酸盐可促进地下水中U(Ⅵ)的生物还原，并长期保持低浓度。*Geobacter*在U(Ⅵ)还原中具有重要的作用，且在硫酸盐和Fe(Ⅲ)还原条件下仍具有活性。醋酸盐改性剂对含水层微生物群落结构和多样性具有长期影响。最先进的分子分析和建模技术继续提高对原位生物刺激过程中发生的地下过程的研究；橡树岭地下的大部分铀与沉积物有关。地下水中存在大量的U(Ⅵ)，其中一些含有高浓度的硝酸盐，这为U(Ⅵ)的生物还原创造了恶劣的条件。应用EVO原位刺激技术是一种很有前途的生物修复技术；尽管污染源在近20年前被清除，汉福德的地下水中仍然存在低浓度的铀。柱实验表明，在实验室条件下，铀对沉积物具有强烈的吸附作用；应用电子供体确实导致了铀矿的生物还原，但就再活化的敏感性而言，这与吸附的U(Ⅵ)相当。考虑到在实验室中复制场地条件的困难，以及原位化学修复试验中遇到的问题，制定修复策略可能具有挑战性。

10.2　展望

铀污染地下水生物修复技术经历了近30年的发展，理论体系已经基本形成，也有了一定的现场应用。结合现阶段的研究成果，以及生产实际中涌现出的问题，笔者认为该领域未来的发展方向有如下几点：

（1）生物还原机理方面的研究。迄今为止，生物还原机理仍不明确。如土著功能微生物直接参与U(Ⅵ)的还原，或者微生物先将Fe(Ⅲ)（或者其他金属）还原成Fe(Ⅱ)（或者其他低价态的金属），再由Fe(Ⅱ)（或者其他低价态的金属）与U(Ⅵ)发生氧化还原反应，仍不明确。还原机理的探究，需要进一步明确。

（2）土著功能微生物的确定。目前，可以还原 U(Ⅵ) 的土著功能微生物已被大量的研究，并取得了很多成果。但不同地区的生物物种具有较大的差异性。使用本地区特有的物种进行生物还原，不仅可以避免外来物种入侵的生物问题，还可以增加微生物成活率，使其更好地为生物还原服务。同一个属（如 *Desulfovibrio*、*Desulfosporosinus*、*Geobacter* 等）中，本地区特有的种对 U(Ⅵ) 生物还原的作用，应该予以研究。

（3）电子供体的选择。常用的电子供体主要有葡萄糖、乳酸盐、醋酸盐、乙醇等，通常成本较高。近年来，EVO 的使用被证明了具有很好的 U(Ⅵ) 还原效果，同时成本明显降低。电子供体的选择，关乎着生物还原 U(Ⅵ) 的经济合理性。若让其实现现场应用，则是十分重要的因素。

（4）酶和基因组学的研究。许多研究证明了，微生物还原 U(Ⅵ) 的反应是酶促反应。微生物的某几个基因，对 U(Ⅵ) 的还原具有很好的相关性。因此，将生物学中酶和基因组学的研究运用到 U(Ⅵ) 的生物还原中，会取得较好的成果。

（5）生物矿化的研究。生物矿化是近年来 U(Ⅵ) 的生物修复领域新兴起的研究。目前尝试了 *Bacillus* 等细菌以及部分真菌结合磷酸盐、碳酸盐、硅酸盐等对 U(Ⅵ) 的矿化作用，具有较好的效果。具有矿化作用的微生物的选择，以及无机盐的选择是生物矿化 U(Ⅵ) 的研究重点。

（6）生物 U(Ⅳ) 的稳定性问题。U(Ⅵ) 生物还原的产物 U(Ⅳ) 的稳定性一直是较大的问题。很多研究表明，停止电子供体的供应后，U(Ⅳ) 容易被氧化成 U(Ⅵ)。近年来，马基诺矿被证明具有长期稳定 U(Ⅳ) 的作用。其他稳定 U(Ⅳ) 的方法，应当予以研究。